LOCUS

LOCUS

catch

catch your eyes ； catch your heart ； catch your mind …

catch 58 左腦攻打右腦

作者：吳心怡

責任編輯：陳郁馨

美術編輯：謝富智

法律顧問：全理法律事務所董安丹律師

出版者：大塊文化出版股份有限公司

台北市 105 南京東路四段 25 號 11 樓

www.locuspublishing.com

讀者服務專線：0800-006689

TEL ：(02) 87123898　FAX ：(02) 87123897

郵撥帳號：18955675　戶名：大塊文化出版股份有限公司

總經銷：大和書報圖書股份有限公司

地址：台北縣三重市大智路 139 號

TEL ：(02) 29818089 (代表號)

FAX ：(02) 29883028　29813049

製版：源耕印刷事業有限公司

初版一刷：2003 年 2 月

初版 2 刷：2003年 3 月

定價：新台幣 220 元

Printed in Taiwan

左腦攻打右腦

吳心怡◎著

目錄

代序 從理性出發，以感性收穫 林蒼生 009

代序 一個有創造力的人，就是一個品牌 陶淑貞 013

代序 修辭魅力第一的品牌學 詹偉雄 017

前言 行銷不理論 023

別按牌理出品牌 關於品牌的經營

保險與保守 035

把品牌當景點 038

請牛頓作行銷 040

have I told you lately that I love you 042

品牌與品牌管理人之間的家教問題 045

行銷是藝術，創造力就是消費力 048

《射雕英雄傳》中的品牌 056

品牌的慣性與惰性 060

第二春 063
黑白電影的彩色啓示 066
閱讀品牌文本 074
成功品牌的經營策略 077
金字塔尖的核心化與邊緣化 079
有機之談，無稽之談 082
文化隔閡的行銷阻力與魅力 086

座右銘與墓誌銘 品牌該有什麼態度

取個好名字 097
寺廟的品牌行銷神諭 100
答案行銷 104
買賣夢想 107
幸福哪裡來 110
實話不實說 114

咖啡的立場 116
復古的新想法 120
流行食物界主流色彩預言 124
中性式微，極陰來臨 126
續集與campaignable 129
龍華的桃花 132
線索在哪裡 135
百分之五十的機會 140
養生飲料與靈修飲料 144
蕭伯納與有思想的蘋果 148

正常關係與非正常關係 說到品牌與消費者的愛情

期望值與失望值 159
心腹與心腹大患 162
品牌的本質與喬裝 164

理性與感性　166
絕對論與相對論　172
行銷的聲音理論　174
品牌拼圖　176
成人的不成熟行銷　178
嫌犯側寫與目標市場特寫　182
請問你要點什麼味道的空氣？　188
聽，誰在說悄悄話　192
代溝的學習　195
靈魂SPA　198
先發品牌的優勢與後發品牌的特權　202
行銷傑克森　206
P.S.附贈　行銷是一首動人的詩　215

代序一

從理性出發，以感性收穫

統一企業總經理　林蒼生

行銷導向是企業未來的趨勢，統一向來重視行銷，而且是具創意的行銷。

行銷，簡而言之，是達到品牌與消費者之間溝通目的的各種可能方式，而創意則是使用出奇制勝或意想不到的手法，幫助行銷能更具效率，更具效益的達成。要使品牌與消費者迅速建立情感上的連結，以及消費行爲上的忠誠，行銷與創意，缺一不可。

統一具有許多行銷成功的經驗。近年來的左岸咖啡館，茶裏王……就是創意行銷的案例。

「左岸咖啡館」運用法國的人文藝術精神與目標消費群的心靈嚮往結合，然後成功地投射在商品上。可以這麼說，左岸咖啡館是以異國文化作爲行銷核心。

「茶裏王」則是逆向思考的代表──不爲成功者或高層人士說話，只爲小職員的酸甜苦辣代言，而這些廣大的小職員所塑造出的辦公室次文化，也成功的與商品結合。「茶裏王」正是以辦公室文化爲核心，打進消費者心中，產生蓮漪般的擴散效果。

這些行銷的創意來源，有一個共同之處:那就是「生活的味道」。酸、甜、苦、辣，都或多或少隱含其中的「生活的味道」。

從生活細微處找到的味道，是最眞實的感動。這些感動也都是最具有美感的、最動人的。

面對環境的改變，我們不僅要保持競爭力，還要具備應變的彈性與前瞻性向，企業人需要有超越當下的宏觀態度，行銷人需要有發掘

眞相，體察趨勢的反應能力，而這些的基礎都在於尊重生命，彼此關懷。

吳心怡在這本書中，以創意人的身分從生活的經驗與觀察作爲出發點，提供了一些經常被忽略的細節與關鍵，可以提醒並刺激行銷人做更精確、更創新的嘗試。

爲什麼是左腦攻打右腦？爲什麼是理智攻打直覺？

我想，心怡的企圖是想藉著有計劃的創意行銷，讓消費行爲變成以理性出發，以感性收穫的美好經驗。

最後，希望每個對行銷有興趣的人，都能發現左右腦平衡的方式，然後開創一個行銷的全腦時代。

代序二

一個有創造力的人，就是一個品牌

奧美廣告創意總監　陶淑眞

長期身爲作者的創意夥伴，所以當二〇〇一年《工商時報》邀請心怡在報上開專欄，談論行銷廣告方面的看法時，我就很有興致地期待著她會寫些什麼古靈精怪的東西出來。

而讓作者這麼感性的創意人談行銷，本身就是一種逆向思考的行銷手法。

果然，這簡直就是一本兼具顛覆性、娛樂性與文學性的另類行銷書。

作者透過獨特的洞察力與個人多年的廣告實戰經驗，激盪出這麼多行銷創意火花，讓擅長「左手攻打右手」（常用左手掂捏經年拿著滑鼠的右手）的我，被震得差點左腦右腦自由位移。

常常覺得心怡駕馭文字的能力，已經到了令人驚爲天人的地步。她的文章裡句句透著行銷玄機與未來的行銷可能線索供觀看的人們自由取用。作者還發明了許多發人深省，值得玩味再三的獨特名詞，如：「成人的不成熟行銷」、「期望值與失望值」、「品牌人格分裂症」等等，以及會令長年浸淫在廣告行銷圈裡的各路好手會心一笑的至理名言如：「只有心腹，才會變成心腹大患」等等尖銳有趣的比喻。整本書讀起來，彷彿是行銷理論裡的A級娛樂產品，充滿娛樂效果。

行銷在作者手裡，果然是一首動人的詩。

因爲著沈悶，停滯不前的大環境，我最近在閱讀並沈澱著有關「娛樂元素」的各種觀察。正如同每個人都在生活裡尋求片刻娛樂，連

買個產品也希望產品中帶有娛樂元素，夠有趣，才會吸引他的目光（「茶裏王」這個名字是不是比其他茶品牌有趣的多了？）。

有專家指出，娛樂業已經迅速成爲新世界經濟的推動者（大家都太苦悶了吧）。有趣的是，各產業間與「娛樂業」的界限開始模糊，譬如賣運動鞋的一天到晚辦運動比賽，手機從通訊功能進入娛樂界面，「商機」也由此開始（連立法委員與演藝娛樂人員的角色也逐漸重疊，不是嗎？）。

那麼，娛樂的來源是什麼？是創意（我眼睛亮了起來）。

偉大的娛樂產品來自偉大的創意，大家都在尋找才子，尋找明日之星，尋找可以創造品牌奇蹟的人。

在娛樂化的經濟世界裡，在競爭激烈的行銷環境裡，唯有具「創造力」的人，才能使這個世界獲得令人驚喜的救贖。

而一個具創造力的人，本身，就足以成爲一個最有價値的品牌。

心怡互勉之！

代序三

修辭魅力第一的品牌學

《數位時代雙週》總主筆　詹偉雄

關於行銷的書，市面上已經太多了；你如果再來讀這本書，我建議你閱讀的理由，不該是「行銷」，而是這本書的作者「吳心怡」。

當然，當你讀完，也會有很多的行銷觀念注入到你腦海裡，但如果不是吳心怡寫的，你很可能讀不完。大部分財經書的作者，是很難讓人完全讀完他們的文字，你如果常買書，相信你會對這說法會心一笑。

一位老出版人曾慨嘆：當今是一個「不讀書」的時代！所有書都不好賣，是消費者的罪；身爲一個讀者，我們其實應該更正他：錯了！這不是一個「不讀書」的時代，而是一個「書不好讀」的時代。

吳心怡在二〇〇二年是奧美廣告的創意總監，理所當然，她書寫的文字不會讓你不好讀，否則她經手的茶裏王，怎麼會賣到去年夏天全省斷貨。

以上爲理由一。

我建議你由「吳心怡」的角度（而不是「行銷」）切入讀這本書的理由二，則在於行銷其實是必須落實在「實踐」上的，這個閱讀類別天生是「作者論」，而非「知識論」的。吳心怡是一個經手很多暢銷商品（除了上述那款一天花掉我六十元的茶，還有NIKE與左岸咖啡館等）的廣告人，使她的論證具有原始的說服力。而很多不好讀、以致讀不完的行銷書都是大學教授寫的——天知道，他們眞的來作行銷，是會把產品送上天堂，還是地獄。

但我更推薦你理由三的「吳心怡」閱讀角度：她的「修辭」

（rhetoric）。

現在的資訊這麼多，知識那麼多，你和我其實都是帶著一雙嚴厲的「選美」眼睛，篩選著各類川流眼前的訊息。單調、老舊、酸腐的修辭，不必說過不了初選的那一關，大部分的眞象其實是：我們從不曉得它「曾」存在過。

重視修辭，其實不是忽略內容；而是：沒有殺傷性的修辭，我們將永遠與內容擦肩而過，那麼多「內容」會葬身在墓園，原因來自它們率皆缺乏有修辭魅力的墓誌銘。當然，犀利的修辭能幫助我們很快讀完書，高速架構起自己的理解體系，這又回過來鞏固了我們先前提過的「理由一」。

最早建立修辭學概念的羅馬學者西塞羅（Marcus Tullius Cicero，西元前一〇六年生），把修辭技藝分爲五項元素：舉題、佈局、措辭、台風和記憶；兩千年下來，由於大眾媒介取代了演講廣場，成爲資訊散播的主要平台，因此舉題、佈局和措辭三項發展最是蓬勃華麗；後兩者則逐日凋微，直到後來進入 cable TV 主播台和立法院，又見發揚

光大。

所以我們不妨看看這本書的舉題、佈局、措辭，是否與其他行銷書大不同——舉題，不會太特殊（但是很簡潔）；但佈局和措辭，則是吳心怡的特點。

「品牌經營」、「品牌態度」、「品牌與消費者的關係」，是三個主要章節，但我們更好奇的是作者在每章後的「側想」與「狂想」——這樣的佈局不也暗示著：這其實是一套「原理＋方法論＋創意」的三明治式料理，看來是否更加可口、而且solid許多。出身廣告文案，吳心怡的措辭，自然是極其戲劇與多汁的。譬如用「嫌犯側寫」來作爲「消費者質化分析」的隱喻（metaphor）——某方面看，他們都是見風轉舵、臨時起意的人；用「黑白電影」來論證「簡化就是強化」的行銷作爲——拿掉五光十色的綵帶和氣球，你更能察覺眞實；她也用「心腹與心腹大患」，來諷喻（parody）「促銷活動」的邊際報酬遞減現象。

總括來看，這是一本你可以邊咀嚼行銷學，邊想像吳心怡是如何

用這些概念實踐作品牌的書——她的修辭不就是品牌工程學嗎？正就是這種同步帶著虛心上課和主觀猜疑——雙路並進的閱讀策略，不瞞你說——帶來了最多閱讀樂趣。

第一次見到吳心怡，她頂著一頭據說有悠久歷史的米粉頭，十根手指塗上了黑色指甲油，她透露她蒐集古玉、不看電視、四處旅行的嗜好；這些綜合的線索，使我們大膽判斷她是一個很有生活厚度的年輕廣告人（大部分的廣告人有著犀利以致近乎睿智的眼睛，卻只有很輕的靈魂）；後來又知道：在奧美，她的團隊其實只有三個人（是奧美最少的），大部分案子由最初的策略形成到後端的行銷表現，都是她一人統包的，這——我們就更加崇拜她了。這已經不是靈魂輕薄的差別，而是世代魅力的區隔了。

希望你會喜歡這本小書，讀完後——別忘了練習一下「吳心怡」式修辭，那是她偷偷塞給你的 bonus。

前言

行銷不理論

經濟實在不景氣，全球都一樣。但有些人或有些商品啊、企業啊……偏偏很爭氣！讓屬於大多數的那群人——失去元氣的其他人，看了很生氣！

許多想拯救企業或品牌的人便開始積極地尋找解藥或仙丹。

還好，市面上仍不斷推出許多關於企業經營啊，如何起死回生啊，如何突破現況啊，如何以各種奇招行銷之類的書籍與課程，一點

也沒有受到不景氣的影響。

想拯救企業的人們通常都會先殺進書店，去尋求當紅企業公開的眞理，以及學術界公佈的不可不知、不可冒犯的經營定律。而說實在的，那有點像一個自我治療意識極高的成人想辦法自行治癒感冒、咳嗽、流鼻水一樣——總是信心滿滿的自行去藥房買成藥吃，成藥如果有效，恭喜！那就是有效；如果無效呢？那就再繼續吃，直到時間夠久了，差不多病也該自己好了爲止，而感覺上也算是有效，只是拖得比較久。

所以，當我們發現在書店這個專櫃面前能找到許多求救待援的企業人士或代理商時，便不足爲奇啦！

幸好，這類的成藥是有用的！

重點一，你會不會用。

重點二，千萬不可依照醫師指示使用。

我們先進來「企管西藥房」看看吧：

（爲什麼不叫企管中藥房？我絕無歧視企管中藥之意，而是市面上

百分之九十的企管類叢書都是外來的，都是在文化、消費習慣、風土不同的地區行使有效之後的異地結晶，而我們似乎也比較習慣參考西方觀點，並奉之爲最高指導原則。）

不管你進入任何規模的書店，都可以看到設有經營管理企業的專櫃。除了許多行銷大師的傳記與知名品牌的成功經驗外，還有不勝計數的、關於這方面的「條款定律」，例如：行銷十論，新行銷十論，最新行銷十論，行銷聖經，行銷學，你不能不知道的關於行銷的五十個大忌，成功守則，行銷大理論，世代大行銷，經營之神，管理之神，經營之父，管理之父，十大成功品牌經驗談，二十大成功企業人經驗談，如何塑造品牌，如何XXX品牌，品牌的迷思，品牌的XX，消費行爲，消費心理學……玲琅滿目，不及備載。

你根本不知道該買哪一本，或哪一本不必買。

我建議你挑兩本截然不同的：一本是最新出版的，一本是比較早期的。

你可以對照比較出來，由於時代的變遷、科技與生活的進步，在

思考模式上產生了多大的基礎差異。同時，你也可以比較出每個當代與每個世代間的憂慮與關心，而這通常能提示你下一波的變化與趨勢。

另外，也是最重要的是，如何在書中找到企業急救或品牌急救的方法。

相信我，很簡單！

凡是書上告訴你千萬不要、絕對不可行、不可能、不可以、不應該的任何一項，都值得試一試。

因爲，這個世界上百分之九十九點九的人，都是不肯冒險的人，所以大家只敢、只能、按部就班的成功，而且還只敢依循著他人的成功模式達到成功，完全沒有創造屬於自己的、獨創的成功模式，或成功捷徑的勇氣膽識。

而且，百分之九十九點九的人，恰好也都是乖乖聽話的人，所以呢，那些理論上、傳說中的不可做、不可行的定理定律，可能有一半以上是沒有人去驗證過的。而即使驗證失敗的，也很可能是因爲有太

多變數參與其中，而屬非戰之罪？！

再加上，你使用一種大家都認爲是「大忌」而不敢用的方式，一定會因爲與眾不同而引起話題、引起注意，可能因而造成一種錯誤方式的大成功呢。

其實最重要的是：逆向思考或另類思考。

若想要創造驚人的大成就，千萬不要重蹈他人覆轍。不論是避免失敗或企圖成功，這句話都適用。

以上所言，不可盡信。

別按牌理出品牌

關於品牌的經營

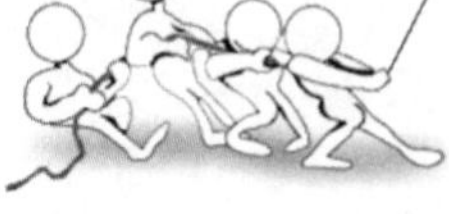

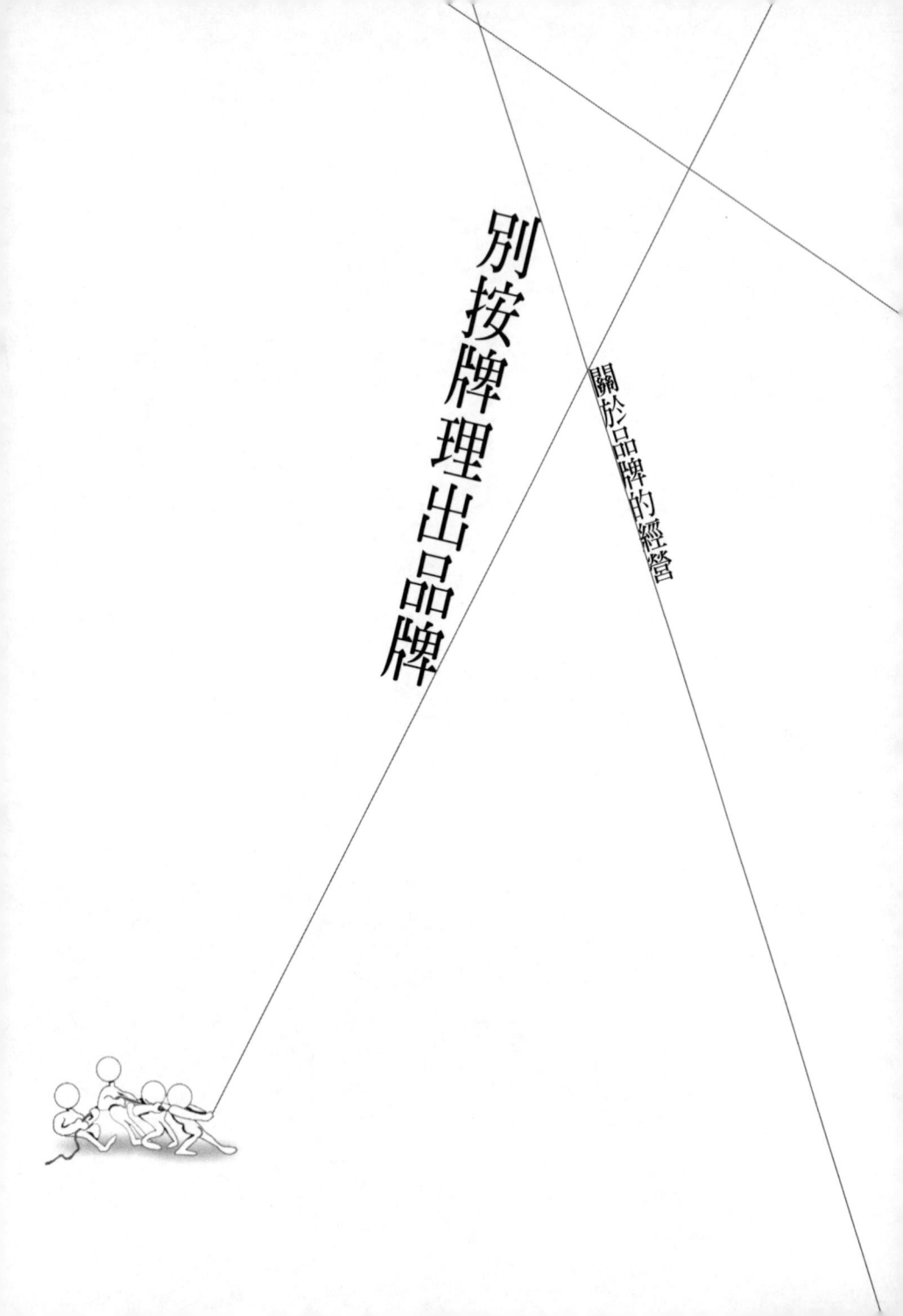

沒有產品，品牌當然沒有存在的必要。但是，一個沒有品牌的產品，對這個時代而言，就等於不存在。

品牌就是銷售的力量。

如何將品牌經營成功，便是行銷人不斷汲汲營營深度探求的領域。即將上市的品牌，就像一個即將踏入社會的新鮮人，只是我們對品牌的要求更嚴格：一個品牌，必須修過通識科目與專業科目才能上市。

來檢視一下品牌的教育程度，用「德智體群美」為品牌打個分數。

「德」：產品力、功能……。

「智」：品牌定位、品牌主張……。

「體」：促銷活動、公關活動、通路、店頭陳列位置、經銷點……。

「群」：目標消費者的設定、傳播媒體的設定………。

「美」：包裝設計、品牌名稱與調性、電視廣告、平面宣傳……。

學生在學校裡的成績其實是比較出來的，名次是相對的。這跟市場上品牌的排名方式一樣。

所以我們必須逐項逐項「比較」——跟競爭者比較。

在德育方面：我們的品牌在功能、口味、品類、或產品力等方面是不是具相對優勢？

在智育方面：我們的品牌定位是不是夠清楚並具有獨特性、吸引力，而品牌主張是不是有別於競爭者，並且優於競爭者？

在體育方面：我們的通路夠強嗎？產能夠大嗎？所辦的促銷活動具促銷性嗎？

在群育方面：我們所設定的目標消費者其市場夠大嗎？與消費者接觸的管道是對的嗎？夠多嗎？

在美育方面：品牌名稱能傳達品牌個性，並且讓人印象深刻嗎？大眾媒體上的廣告能確實傳達正確訊息，並且使該品牌記憶度高於競爭者嗎？包裝的個性與美感與品牌一致嗎？能在競爭者中脫穎而出嗎？

若在比較之後，發現自己品牌的五項皆佔優勢，要不贏都難。

銷售數字其實就是一個品牌養成教育的結果。賣得不好，就是失敗；即使其中的美育分數再高，體育成績再驚人也沒有用。而真正為他們打成績的各科老師，是消費者。

品牌行銷不是一門可以因循苟且的科學。品牌行銷比較像是集合了心理學、行為科學、社群文化研究，加上流行設計與溝通技巧的另類人類學。這種龐雜而詭譎的人類學，需要直覺力之處，遠大於數據或調查證據，需要開創者而不需要追隨者。行銷路上處處充滿變數，而其間看似不變的常數，通常正是需要被改變的重點。

品牌經營之路充滿可能性，而且是有趣的可能性。

我在數不盡的可能性中，挑出在當前大環境中比較常見的狀態，把品牌略分為幾種狀況來談：正在尋求施力點的初生之犢；在保險與保守兩邊拉扯的求生者；知道品牌必須成為名牌才算成功的常勝軍；把消費者追到手後便不知如何維繫情感的大情聖；分不清慣性與惰性之間有多大差別的等死者；邁入英雄末路期的老化品牌；以及品牌與品牌管理人之間的教養問題。

希望以下淺談到的這些觀察，可以使各品牌都能勇敢的長出自己的樣貌，表達自己的主張，不僅成為一個有實力的品牌，也是一個具有持續壯大潛力的品牌。

保險與保守

「大環境的經濟不景氣」，幾乎成了大多數客戶刪減預算或縮編行銷活動的一致理由。於是「爲了保險起見」的「保險」，便成爲應付大環境的最高指導方針。

以「保險」爲指導原則對不對？對！完全對！因爲，即使是冒險家的冒險舉動，也會謹愼地規劃以求降低風險、以求保險。因爲冒險的目的在於求勝創新，又不是在找死。所以，「保險」是絕對正確的周延想法。

但是請注意：「保險」與「保守」只有一線之隔。

以「保險」爲出發點，可以促使思考周慮、決策謹愼、準備萬全。但是若以「保守」爲行事準則或心態，就註定了企業的停滯，甚至是提早宣告自殺身亡。

求保險的人，通常會主動去開發新的機會，甚至去嘗試不同的可能會成功的路線。因此，爲了保險起見，他們會勇於嘗試、勇於變

通，因爲這種人最怕的就是漏掉了、錯過了任何一種可能導致成功的方法。只求保守的人，則完全不同，能少做就少做，能少變動就少變動，能少付出就少付出，免得入不敷出。導致的結果當然是穩輸不贏。

基本上，抱持著「只求不輸」這種心態的人，就已經輸了。不管大環境多糟，不管大環境多好，市場上的競爭者隨時都在分高下，也許今年的第一名沒有十年前的第一名業績漂亮，但它還是第一，它還是贏家。

而且，大環境的景氣與否，其實是掌握在我們手上的，景氣是創造出來的，當大家都保守退縮、只求不輸的時候，大環境就只有凋零一途。沒有行銷動作、沒有新血加入、沒有創新的嘗試，沒有投資擴張市場，景氣不可能榮光再現。是保守的心態扼殺景氣、摧毀大環境，而不是景氣或大環境扼殺了我們。

「大環境的經濟不景氣」到底是原因還是藉口？當我看見有客戶對自己的「保守」沾沾自喜，並解釋其爲大勢所趨；不得不然的聰明決

定時，心裡眞爲他難過，幾乎想放棄與他並肩作戰的夥伴身分（其實，保守就是一種棄甲投降的舉動）。但是，當面對某些把不景氣當成別家的事，然後保持一貫戰力，甚至反而趁大家不敢有大動作時，刻意加碼投資的客戶時，除了被激起的鬥志與戰鬥力之外，還有一種敬意油然而生。當然，眞實生活並不是長篇的勵志故事，現實世界的市場反應總在最短時間回饋：保守的心態除了加速死亡別無它途；而逆向思考加碼前進的，卻一舉拿下領導地位。

大環境是公平的，身處在大環境中的每個人都一樣：致勝的關鍵就在於抱持什麼樣的心態面對。

沒有企圖，就沒有版圖。

這句話在景氣好不好都一樣適用。在大多數品牌選擇保守路線的今天，請用保險的做事方式進攻，一舉創造新的市場佔有率，並順便把保守的品牌清理乾淨。

把品牌當景點

在紐約，每個觀光客都會「慕名」而去參觀帝國大廈、自由女神像、布魯克林橋……；在布拉格，觀光客則會去查爾斯大橋，黃金小巷……；在開羅，觀光客會去看金字塔、人面獅身像、尼羅河……；到了東京或上海或曼谷……，觀光客都各有明確而不同的選擇。

這些驅使觀光客做出明確而不同的選擇的背後，有一個共同的標準：慕名而去。而這個「慕名」的內涵，便是——具不可取代性。

如果我們也把品牌當景點一樣塑造，當景點一樣地操作，也許就能創造出令人們慕名前來的「景點效應」。

「把品牌當景點」這個工程該怎麼進行呢？首先，你必須先想清楚：你想要進入的品類中，已經有的品牌是哪些？他們是否具有獨特的個性與特質？若有，是什麼？跟你手上的品牌的訴求重點是否有相似之處？或幾乎完全相同？在這裡舉個例子來說明：如果，你想把手中的品牌用景點中的「樂園」概念來操作，你就必須先搞清楚現有市

場上存在有哪些樂園？它們的名字？玩具設施？佔地面積？風格是未來的還是傳統的；是異國的還是當地的？收費標準？開放時間？

若以樂園來舉例，從基礎的「兒童樂園」、「水上樂園」、「親子樂園」、到比較家庭式的「複合式樂園」、青少年以上，涵蓋成人的「電玩遊樂場」……。概念與訴求對象完全不一樣。當然，收費標準也會不一樣：一票到底還是單元購票或是聯票式……；現金或代幣；是否有團體折扣的方式……。

假設你的樂園概念跟市場現有的樂園一樣時，怎麼辦？你打算硬拼？還是削價競爭？辦活動？或是基於樂園的本質是越大、越好玩、越豐富的理由，把自己的樂園蓋得更大？或者是一切維持不變，或是幫樂園重新定位？還是，根據現有競爭者在消費者心中已知的缺點加以補強，變成優勢？或者乾脆跟國外已具高度知名度的樂園結盟，走國際化的分店概念？

不論選擇哪一種，請將它的遠景放在「知名景點」上。那它就有機會變成知名品牌。

請牛頓作行銷

台灣是資訊管道極度發達，而資訊內容極度重疊的地方。一踏出家門，就遇到一連串的資訊轟炸：計程車司機的新聞頻道，早餐店老闆與顧客進行民間意見交流，辦公大樓電梯裡的社交議題，打開電腦工作前先瀏覽電子報，會議開始前的暖身討論……。現實世界不斷update你最新消息。

這使我一方面想到，媒體管道的流通度與消息內容的滲透力的比例關係，是否能運用到行銷上，一方面想到目前市面上許多品牌的經營，應該有更省力的方式。我想到唸書的時候，物理課上學過牛頓的三大運動定律，其中有一條是這樣的：

當對物體施力時，在施力方向上會產生加速度，
加速度的大小和力成正比，和物體的質量成反比

我發現這簡直可以當作行銷上的金科玉律之一，於是便把這則定

律中的「物體」做了一下置換，我稱之為「行銷活動之牛頓定律」：

當對品牌施力時，在施力方向上會產生加速度，加速度的大小和力成正比，和品牌的質量成反比

來解釋一下這則新定律吧：每一個行銷活動，不論是廣告、公關、促銷、舉辦活動，都是在對品牌「施力」。其目的（施力方向），可能是強化知名度、衝出短時間內的業績、佔領市場龍頭位置、解決話題性問題……而施力越大，達成的效果越大、達成效果的速度也越快（加速度的大小和力成正比）；但最重要的是，為達到某一個目標，品牌本身越穩定強大，你所需施的力便越小，反之，品牌越小，需要施的力就越大。

也就是說，如果要使一個強大的品牌更強大，它一定要被「施力」。但幸運的是：不必像苦追在後，苟延殘喘的小品牌，必須用極大的力量才能挽回頹勢。同理，如果施力方向錯誤，成功品牌也會以加速度的方式遠離成功，而成為過氣的小品牌。

have I told you lately that I love you?

有個朋友最愛聽情歌，不論國語的或外語的，收集了一大堆，他特別喜歡邀群朋友去他家喝咖啡聽情歌，他說表達感情是這個混亂矛盾、爾虞我詐的現實世界中唯一一件美好的事情。

我們從六〇年代的情歌開始往近代情歌聽，感受不同年代對於表達感情的不同說法。有的是如此直接大膽，有的則是迂迴婉轉，有些則是頻頻舉例，有些則是以詩以史來勸說或詠嘆。各色各樣、千奇百怪的情話都有。當然，這些無所不用其極的情話目的都只在打動對方的心。

當我聽到 "have I told you lately that I love you?" 這首歌時，職業病犯啦！如果每個廠商對於消費者都能有這樣的心情，那這世界就真的太美好啦！

廠商們常常有一個共同的盲點：只有在產品上市之前與上市的起跑時段，才認真地密集關心消費者。

消費者跟商品之間的關係就像愛情關係，
而愛情的熱度是需要用心維繫的。

這沒有對或錯的問題，所以我把它歸類爲「盲點」。

其實，消費者跟商品之間的關係就像愛情：

如果這個商品表現得獨樹一格，理所當然會引人注意，引起好感，令人進而心生仰慕、願意與之交往。

如果這個商品也懂得頻頻對消費者示好，不僅時時展現其超越其他競爭者的「身家實力」（產品力與品牌可信度）；又能以了解消費者所思、所想、所憂慮、所期望的方式與之溝通（產品特性或定位）；並且偶而送送小禮物（SP活動）；最重要的是：有能力、而且敢持續不斷更新追求手段，出現在消費者眼前（廣告）。

當然，在展現追求花招時，千萬別忘了要維持自我風格，免得消費者認不出你來，反而覺得你三番兩頭的變樣子，是因爲連你自己都搞不清楚你自己是誰，或是連你自己都對自己的樣子沒有信心，哪有可能贏得消費者的芳心呢？

回到剛剛的盲點吧，大多數的商品一旦上市成功，往往就以爲「已經把消費者追到手」了，因而對待消費者就有些輕忽怠慢，最常見

到的狀況就是：到手之後，一年見一面：一年換一支新廣告，或一年一次SP活動。

但商品跟消費者之間的關係是需要被維繫的，否則他們可是會頭也不回地移情別戀到其他新奇的追求者身上。（想想看，有多少的同類商品在跟你競爭，而且不時有新的競爭者加入）。一支片子放久了，就像一件衣服穿久了，誰都會膩，在同一個風格下換件新衣服吧！（不過，得越換越好才看成啊！否則，只會讓你追求的目標對象閃得更快。）

我覺得，「have I told you lately that I love you?」是所有想跟消費者建立長遠美好關係的品牌或商品，應該放在心裡的一個提示。

你的商品或品牌有多久沒跟消費者表情達意了？表情達意的頻率夠多嗎？方式對嗎？不妨先問問自己，因爲，不論你是大老闆或行銷人或廣告人，你也是消費者啊！

品牌與品牌管理人之間的家教問題

每次跟幾個工作性質不同的服務業朋友聊天時，言談間都會發現大家被一個簡單的問題深深的困擾著：一個品牌，經由傳播管道對外宣稱的價值觀或信念，爲什麼跟代理該品牌的公司或負責人員所表現出來的價值觀或信念完全不同？

我相信這個問題也困擾了許多人。這些人可能包括了在各個層面與品牌接觸的人，像：爲他們工作或合作的公關公司，廣告代理商，媒體，經銷商，購買付費他們產品的消費者、以及潛在消費者。

看看品牌擁有者的態度、公關活動的主題、廣告標語、產品代言人的行爲舉止、專櫃人員的態度、產品本身、消費者熱線的接線員的口氣……如果把這個品牌當成是一個人物，從他生活各層面的表現來看，他極可能是個理想崇高，風格獨特，懂得討好，卻陰晴不定，言行不一的人。他隨時會背叛你。在他達到了目的以後！

雖然，他——這個品牌——擅長以獨特的風格、令人印象深刻的舉

止與大膽的承諾來吸引眾人的注意，並且成功地使大家都想認識他，與他交往，但是一旦發現他「言行不一」的眞面目時，不僅合作夥伴會以「眾叛親離」的方式懲罰他，廣大的消費者也會口耳相傳地以拒買的方式逼他退出人們的生活領域！

以上這些言行不一的事件，通常經由嚴格貫徹的專業訓練或行銷上的整合，都能獲得某種程度的解決。

但幾位業界朋友們談論到最弔詭的事情還是：

有的品牌在對外宣稱他們重視溝通、專業的表現、眞正在乎消費者的需要時，卻以完全不同的態度來跟其他單位合作。也就是，他們會用「完全違背他們所宣稱的態度」的態度，來要求其他單位爲他們傳達他們所宣稱的態度。

廠商或品牌代理者似乎忘了：跟他們合作、爲他們打拼的這些公關、廣告、媒體、單位，也是消費者之一啊！

說到這兒，大家都啞然失笑，某些號稱要以「整合傳播或全方位傳播或諸如此類傳播」來塑造其絕佳形象的廠商，極可能在執行的第

一步上就洩底了。因此即使有短暫的成功，也避免不了遭消費者（包括爲他們做事的各路人馬！）唾棄的敗亡命運。

我們也同步發現：有幾個極爲成功的知名品牌，他們的品牌管理者都是以謙和自信的態度，而非倨傲無理的教養，來面對合作夥伴與外界。尤其在面對行銷或傳播上的挑戰時，他們總能展現「信任」與「創新」這兩種勇氣。

這些品牌的成功也許跟行銷策略或傳播策略有關，但成功的根源卻來自品牌管理人的信念與表現上。

這些成功的品牌與其品牌管理人之間，有種相輔相成的魅力，就是這種無可取代的可信度，令品牌發揚光大，並且令人心悅誠服且願意爲之貢獻服務。

側想

行銷是藝術，創造力就是消費力

有的城市永遠不會貧窮，就像有的城市永遠不會富有。

這是當我站在布拉格街頭，站在東京市區時的感覺。

去布拉格，除了聽音樂會之外，一定要去欣賞當地的著名藝術表演，像木偶劇、黑光劇等等。其中，黑光劇的概念給我極深的震撼。

什麼是黑光劇？依照字面解釋最簡單：利用「黑暗」讓觀眾看不到某些東西，利用「光線」讓觀眾只看到某些東西。

當初黑光劇的發展原由是來自於沒錢——演出經費不足。但是經費不足的這個缺憾，卻造就了一種新的舞台表演形式。造成這種結果的主要原因當然在於捷克人民熱愛藝術（街頭到處都是發傳單的年輕人，不是發促銷傳單或產品價目目錄，而是各種藝術表演的劇目、曲

目與時間、地點），因此將心力都放在突破現狀、創新形式上。

所以，沒錢，也是一種創新的機會嘛！

當然，這種結論實在太過簡略、不負責任（很多國家也都沒錢，也沒見到他們創造出什麼新的玩意兒）。捷克人民脫離共產主義的統治不久，還沒受資本主義「荼毒」，因此，只愛藝術、不愛賺錢。對他們來說，錢也許是表演藝術的障礙，也許是絆腳石，但絕不會是萬能的救世主。

所以，缺錢的時候，他們不會只想著解決錢的問題，相反的，他們去創造省錢的方式、甚至不需要太多錢的表演形式。

□

創意，是再多的經費也無法取代的核心。而經費，應該是讓創意發光發亮的支持力量。在媒體發達、新興媒體不斷被創造出來的今天，我們應該深思如何巧妙運用各類媒體特性、甚至可以自創新媒體來與大眾接觸、傳達訊息。不要因爲有足夠的經費就忘了，「創意」

這件事才是重要的。

我們可以發現，許多膾炙人口的游擊式廣告，都是前所未有的形式，現在我們將之統稱爲創意媒體。

不可否認，電視這種大眾媒體就宣傳而言仍是穩坐第一把交椅的工具，但是當我們面對不同的目標對象、不同的傳播訊息時，便不應該只使用電視媒體。我們應該針對不同的狀況設計不同的「小動作」，讓目標群在出奇不意的情況下被打動，甚至因爲這些非主流的行動而感動。（最厲害的是：非主流的小動作，最後上了電視新聞這種媒體，達成另一種宣傳效果。但是上電視新聞絕非終極目的，只是順便達成的噱頭而已。）

我們是不是已經被既有的形式給限制住了？連思考的方式和解決問題的答案，都太過於因循現有的、已知的、安全的形式？

我們是不是只走習慣的路線，不去思考其他可能，只求在最短時間內消化掉疑問或任務，只想找答案而不去思考問題的本質？

讓我們仔細想想布拉格的黑光劇吧！

□

也許日本泡沫化的經濟已經全球聞名，甚至到了與富士山或櫻花齊名的地步。但是日本年輕世代的創造力依然驚人，我不敢說他們能像英國創造出嬉痞龐克那樣驚人的次文化，但是他們在視覺概念上的創造力，傑出非凡，令人讚嘆！

我到東京出差，深深覺得：創造力就是消費力。我不但看到表參道或明治通上的年輕人奇裝異服，連搭地鐵的學生也是，他們的髮型、化妝、身上披掛的衣服、出人意外的鞋襪與引人忍不住多看兩眼的配色與混穿質料，連制服也不放過！我覺得太棒了！而這些都是市場！都是消費啊（可能都是父母的錢或銀行的錢）！

更重要的是，這些都是被創造出來的新市場。

例如深色粉餅被女學生大量而快速地使用，竟成爲日常消耗品；手機與手機的吊飾也發展到不知爲何而存在但一定要存在的地步；多層眉或誇張型粗線條因爲同儕炒作而大流行，眼線筆兩三天就得買一

支新的，因此一打裝的銷售量比零售更好；而服裝的混穿與改製不僅造成了各類服裝與飾品的實用度，也刺激了服飾設計的想法。例子不勝枚舉，都是像這樣在因果循環之下，使創造力與消費力相輔相成。

□

從東京的情況反觀我們自己。也許是出於保守心態吧，所有的廠商都在搶奪同一塊市場，分食同一塊大餅，由於分食者眾，因此得在或輸或贏的比例上不斷拉扯，因而得花更大筆的時間與金錢去搶佔些微的比例（我認爲獨占百分之五十以上才算贏家）。卻很少有人開發新的市場，創造新的大餅。

我們的廠商應該試著去研發新玩意兒，創造新功能，因爲不管實用不實用，需求與欲求都是可以被創造出來的。我們的行銷人員應該多去創造新的概念，可以是生活態度上的、生活型態上的、或是行爲模式的加料刪減或修改。

當然，要求全新概念不斷被發展出來是最完美的期待，這個工作

有時只需靈光一現，有時卻曠日費時。那何不試著運用現有的概念來提出不同方式的表達與修正。

簡單舉個例子，如果大家都在市場擺攤賣饅頭，面對逛市場的有限消費者，競爭一定很激烈。如果你改賣豆沙包，你不僅少了許多競爭者，反而成爲消費者注目的焦點。如果你還配上豆漿或爲她搭配成各種不同套餐，你一定是最後贏家。

不夠多元的市場，無法刺激消費量的增加，也無法吸引不同層面的新消費者進入，活絡消費經濟。

與其壓榨現有消費者，不如開拓新市場！

□

景氣，一直是我們的藉口，用來掩飾我們的懶得創新、甘於現狀、甚至用來合理化自己的無能。

但是，爲什麼有些人總是能擺脫包袱，另闢戰場？爲什麼這一群人都是不那麼商業，都是搞藝術創作的？也許當我們一無所有的時候

才會發現，原來我們有無窮的創造力吧！

我認爲，行銷，根本就是街頭藝術的一種。而更往前推衍之後，可以這麼說，行銷人，應該是藝術家而不是生意人。

這是很重要的定位認知，只有在正確的定位上才能發動正確方位的攻擊，然後正確地擊中目標。

□

行銷人應該是不斷試圖找出前所未有的行銷手法的藝術家。

比如說，這次你的作品要打動誰？

你打算如何讓他們接觸你的作品？

在什麼情況、地點、時間、氣氛之下接觸最能讓他們動心？如何陳列作品？

如何引起注意？如何創造話題？

最重要的是，你必須認清：作品就是你要表達、要傳遞的東西。它可能是奇特的訊息、可能是陌生的概念、可能是生活方式、可能是

意識型態……你要想盡辦法讓你的作品被看見、被理解、被接受。

因此，行銷人應該走上街頭、走入人群，去聽去看去感受，當你能深刻地了解人們的需求（needs）與欲求（wants）之後，你才知道如何提供（supply），以及提供什麼。

□

所有的行銷都不能離開「生活」。行銷藝術家的責任就是要爲生活中的現象找出新的觀點，並且觀察出枝微末節的普遍現象，然後以意想不到的新面目滲透進入人們的生活。

創新的行銷手法能活絡市場，活絡生活，活絡人們的思考方式，連帶著帶動整個經濟活動，但行銷的本質絕對是藝術不是生意，生意是隨之而來的附加獲利。

成功的行銷人是讓城市富有，讓經濟復甦的重要人物。

因此，坐在辦公室裏吹冷氣的行銷生意人，請抬起你的屁股走上街頭當行銷藝術家去。

側想

《射鵰英雄傳》中的品牌

武俠小說，是現代人以仰慕古代中國俠義的心情爲出發點，推演想像而虛擬出的精采世界。這個世界充滿了冒險、浪漫以及俠義公理，而構築出這個世界的各大門派、各種武學、各路英雄，不僅讓武俠迷們如數家珍、分析討論、甚至已經能自成一學派。

除了迷人的古典精神與劇情張力之外，許多武俠小說中的人物更是成爲某種類型人物的經典範例，這不僅是因爲這些人物一個個都個性分明，更重要的是：他們每一個人都具有獨特的、可被辨認的、不可取代的風格舉止。活生生的爲故事的進行鋪陳出合理卻意想不到的走向。

當我在看金庸的《射鵰英雄傳》時，這一個個鮮明的角色，就以

絕不令人混淆的姿態輪番出現在我眼前，他們鮮明清楚到比超市陳列的各種品牌還要鮮明清楚。

東邪。

西毒。

南帝。

北丐。

中神通。

這是《射鵰英雄傳》中的五大品牌。

這五個品牌都以原創的姿態出現在同一類別的江湖市場上：

邪、毒、帝、丐、神通；

這五大品牌不僅在各自的品牌名稱上表現各自的定位與態度，而且決不重複絕無模仿：

邪、毒、帝、丐、神通；

這五個品牌有自己的品牌定位、品牌主張：

邪、毒、帝、丐、神通；

當他們出現在江湖市場上時的表現手法，也保持一貫風格與手法：

邪、毒、帝、丐、神通。

決不讓觀眾錯認。

他們雖然各自獨霸市場一方，但是也都想獲得市場龍頭老大的地位；他們以各自的路數行走江湖旗幟鮮明，寧可以自家招數攻破對手，也不肯以剽竊對手武學的方式擊敗對手。因此，各家門派日益精進，而江湖市場也豐富精采。

□

如果把武俠世界搬進現在的行銷市場來看看呢？

同類商品的市場，總有先來後到，要站上龍頭總是要花點精神時間，但輸贏與先來後到絕非正相關。

許多進入江湖的品牌，常常定位不清或不斷改變定位，甚至在市場上出招打江山的方式也常常像換了個人似的，不是模仿對手，就是

太心浮氣躁地尚未出招就急於換招，若是策略性的招數也就算了，但實在是完全沒有獨樹一格、讓人留下深刻印象足以辨識的風格或主張。這類品牌的下場當然是被歸類到：不足以在江湖掀起風雲浪潮的小混混型品牌。

退出江湖指日可待。

同類競爭中，定位相同是直接搶地盤的方式之一。但要在激烈的市場上受到消費者的認同，繼而「皈依」到該品牌門下，最重要的還是讓人知道所要「皈依」那個品牌長什麼樣？如果該品牌是個性猶疑不決、沒有自我主張、性情陰晴不定的膽小鬼，誰會信任他？誰肯與他結交？並且持續不斷地在處處是誘惑的市場上，心甘情願地把大把的鈔票交給他呢？

只要有自己的風格與主張，再加上獨樹一格的名號，這個品牌就有機會奪下江湖龍頭的寶座。

品牌的慣性與惰性

我對於「老東西」一直很著迷。也許是因為我從小就沉迷在神秘難解的古文明中，也許是熱愛考古卻沒考上考古系的補償作用，更也許是因為對於生命有了些經驗（這是年紀漸漸變大的婉轉性說法），因此對於有「過去」、有「歷史」、有「故事」的人事物件，都充滿了一探究竟的想像與研究傾向。

當我把熱愛考古這件事深植成為我人格特質的一部份後，這個特質開始偶爾會跳出來幫助我看看市場上的品牌們。

我想起小時候，長輩們在選購家電時常說的一句話：「牌子老，品質好」。那個時代，二十年前吧，所謂的「牌子老，品質好」似乎是對品牌信任度的重要指標（他們絕對是從廣告上學到這句話的）。

當我長大一點後，大概十多年前吧，長輩們在選購家電時說的話則成了：「這個是新的牌子，功能可能更多；那個是外國來的，零件啊功能啊品質啊一定都比較好。」於是，老牌子就在我家漸漸式微。

多做一點成為「慣性」，少做一點則成為「惰性」。

但我對老牌子有種特殊情懷。因爲，只要一個品牌做得夠成功，並且活得夠久，它遲早要成爲一個「老牌子」。而一個老牌子能做到歷久彌新、獨霸一方，代表的是它在行銷、產品等各方面的成功！很令人敬佩呢！

在眾多歷久彌新、風光依舊的老牌子身上，我看到一個特性：「品牌慣性」；同樣地，當我回想到「作古已久」、「緬懷先烈」的老牌子時，我看到的是：「品牌惰性」。

「惰性」與「慣性」，似乎是有些共通點：

多做一點成爲「慣性」，少做一點則成爲「惰性」。

但對待這之間的共通之處，你的態度積極與否，也正是必須拿捏掌握的。

惰性，其實是最容易步入的。

通常一個品牌在市場上獲致一時的成功時，便難免一廂情願地認爲消費者已經愛之入骨，便懶得溝通、不思進步（或無力進步）、懶得

討好、懶得不斷重申自己的主張。

這種期待消費者以殘留印象來維持忠誠度的方式，便是惰性。

而有些「老」牌子，則維持數十年如一日的熱情，不斷出現在消費者眼前，不僅積極地表達自己、還三不五時地玩些新花樣，不僅強化自己的風格、並且不忘隨著時代的改變而創造一些令人耳目一新的把戲。許多科技屬性的品牌正是以創新功能來深入人們的生活。

老化的品牌會讓人們甩了它；不斷創新的老字號品牌則會讓人們主動去追隨。消費者只怕落伍，哪敢離它而去啊！

許多新舊品牌在市場上進行殊死戰式的廝殺，贏家們千萬不要把一時的存活與勝利變成了阻礙進步的虛榮；不論當下多麼成功，一定要維持風格，不要因爲驕傲而扭曲了品牌形象。

記住：在現在這個時候，當消費者願意對該品牌說出：「牌子老，品質好」的評價時，其實，內心認爲它是年輕的。

第二春

人生若有第二春，眞是一件美好的事。第二春的感覺，就像是你擁有一種生命的特權：在正軌的生命歷程之外，獲得重新開始的機會，因而能夠享受另一段生命經驗。正因爲這個第二次機會是額外的，不是意料中的，難得的，因此她有個美好的名稱：第二春。

像人們對生命的渴望一樣，像人們對於重生的期待一樣，許多品牌也正殷殷期待著第二春。而對於「品牌第二春」的專業術語，業界稱它爲：**relaunch**，「重新上市」。

如何在「近黃昏」，或是「自作孽不可活」的品牌狀況下，重新找到第二春呢？最最最重要的是，要搞清楚狀況——搞清楚三大狀況：大環境，競爭對手，自己。

第一，在大環境的狀況方面，要看清楚眞相，並且承認眞相：也許是當初自己錯估情勢，高估自己，因此走錯路線，弄錯訴求；也許，眞的是時代變了，趨勢已經把你淘汰了，明明白白擺在眼前的正

是：勢不可為。那請你別做掙扎，時代已經不是你的了，下架吧！省錢省力省時間，也算功德一件。

其次，在評估競爭對手方面，對手的外表（設計）、內涵（口味或功能）、財力（媒體費用）、才智（策略）、人脈（通路）等等，是不是都比你強？

或者是，你只輸了其中某幾樣？那麼你可以評估一下，在內涵（口味或功能）上，能不能想到辦法，加緊腳步做區隔，或迎頭趕上；在才智（策略）上，可不可能重新定位或改變行銷戰術？如果各方面的檢視結果，你都有能力超越，或是開發新的戰場與競爭對手抗衡，請立刻行動。若是評估之後，即使有改進空間，你也無意求上進，不肯改變心態，甚至甘心落後，那奉勸你：忘了第二春這件事！你的品牌就這樣落魄下去終老一生吧！

在審核自己時，請嚴苛一點，並且大膽一點。

對於自己的外表（設計）、內涵（口味或功能）、財力（媒體費用）、才智（策略）、人脈（通路）等等，有沒有改革或創新的意願？

品牌的第二春，從外表開始。從設計、形狀、包裝

有意願還不夠，要有能力才行。

或者，其實你所佔的品類早就被市場或時代淘汰了，只是不肯承認？

再或者，你是有機會東山再起的，只是那必須徹頭徹尾的改頭換面，而重新做人的代價很大，你擔心白費精神，浪費資源，因此遲遲不肯放手一搏？若是如此，我要勸你大膽一點：最糟也不過是現在這樣，但你若試了，就有東山再起的機會。不肯嘗試，除了原地踏步，什麼機會都沒有。

一旦你決定要找到品牌第二春，不妨從外表就給人耳目一新的感覺，也就是說從設計、形狀、包裝、顏色、配件做起，一定要讓消費者重新看見你、重新認識你。然後，大聲地、密集地、告訴消費者，你現在有了新想法、新主張，更重要的是，這些新想法與主張只有你，能帶給他。

側想

黑白電影的彩色啓示

有一陣子迷上了黑白電影，從希區考克的恐怖片到法國早期被喻爲新浪潮的電影，都不肯放過。

黑白片的魅力以一種驚人的態勢向我迎面而來。它的魅力在於：只有黑白兩色可表達的時候，能找到這麼多黑白之間的層次！

是的，黑與白之間還有好多種黑色與白色，不論是衣服、絲巾、皮帶、帽子、甚至窗簾、沙發、地毯都有清楚的「色彩」風格，而且光線的運用與表達力反而比彩色世界更精準、更撼動人心。

當代有許多導演也都重拍過一些膾炙人口的黑白片，但是，力道與深度卻總比不上原來的黑白片。

眞令人意外！

色彩的力量到底是被淡化了？還是被強化了？

在現在這個資訊與科技都豐沛互通的時代，有時候，可使用的東西越多，反而越容易使人忘了：

簡化就是強化。

簡單就是力量，這個道理每個人都清楚，但總是很難眞正做到割捨、並剪裁枝微末節的動作。因爲，擁有這些訊息或資源的人總覺得自己擁有的都很重要。（事實是，重要的訊息一多，就全部變得不重要了。）

但最有趣的是，常常，廠商覺得最重要的事，消費者並不在乎。因此，當廠商聲嘶力竭地大肆宣揚某個重大消息時，消費者依舊充耳不聞無動於衷，當然銷售的數字也不會有任何起伏反應。

所以，當我們在眾多訊息中要找出傳播上的主要訊息時，要以主要閱聽對象爲目標，針對他們的關心重點來作爲考量的準則，而不要一味地以某種技術層面的進步吸引消費者，即使是賣羊毛衣的人也絕不會以「最保暖」爲賣點，推銷給住在赤道上的人（雖然有些羊毛衣

具有吸汗散熱的功能）。

當我們承認，在「消費者自己的利益」與「產生利益的過程」之間，消費者永遠比較關心前者時，就不會浪費時間與金錢去做一些自以爲是討好消費者，結果卻是吃力不討好的事了。

用黑白電影舉個例子吧：有一段時間，流行爲黑白電影上色，然後再重新上映。結果，沒有一部獲得原來預期的反響。因爲，雖然對電影界而言，在黑白影片上著色的科技是極爲重要而卓越的進展，但是，對觀眾而言，那只是畫蛇添足，多此一舉。

希區考克為行銷做了什麼

前面說到希區考克，希區考克曾經做過廣告，他的第一則廣告是平面廣告，要宣揚電線的好處。他在黑漆漆的封面上畫了兩個蠟燭，標題是「教堂之光」。他想表達，在黑暗中光靠蠟燭的亮度是無法舉行彌撒的。這則電線廣告並沒有出現電線，但反諷的很聰明。

如果希區考克肯繼續做廣告，除了想當然爾的會爲廣告片帶來許多創意手法的典範之外，更重要的是，他也會讓許多一直鑽研消費者insight的人獲益良多。

希區考克有個故事是這樣的：一個平凡普通的男子，早上起床，刷牙洗臉，穿戴整齊地出門，一派正經士紳模樣。經過路邊推著娃娃車的婦人時，他把娃娃逗得大哭不止，讓婦人手忙腳亂；經過一對戀人身邊時，挑撥離間，讓兩人當場反目成仇，大吵一場；經過和樂的人們身邊時，故意惡言相向或對著女人講她的髮型很醜啦！看起來很老啦！一路走來，所有他經過的人，不論男女老少都被他搞得心情不佳、精神緊張。世界就讓他三言兩語幾個動作給搞得大亂。最後，這名男子走進一家公司，打卡。原來，這人是賣頭痛藥的。

□

這篇短篇小說，藏了許多值得廣告主與廣告人學習的東西。

廣告主常常請消費者調查單位幫他們找出最多、最深入、最精

采、最普遍的消費者insight，然後再找一堆消費者來測試出哪一個消費者insight是最最最讓消費者認同的。廣告主總是想試圖找出一個最普遍共通的渴求，以獲得最大銷售利潤。當然這是因爲廣告主的產品功能有其特色，所以要找出針對其產品力的最大insight。

但是，人性是很複雜的，某一個insight往往會牽動其他的想法，而其他的念頭又往往是某個insight的源頭。所以我們不應該只操作表面上結論出的insight。不只是因爲調查人人可做，結果人人可用，使得那個「看法」變得不獨特，而是因爲insight的用法應該不僅於此。一個insight，應該是可以往前推論，也能向下結晶的。而不管是向前或向後的延伸，那都是一塊值得深掘與發展的寶藏。

如同希區考克這篇小說所呈現的，造成頭痛的根源，人人不同，但售貨員的目的卻非常清楚地全指向同一個目標：頭痛。只要是頭痛，止痛藥就能解決，頭痛藥本身並不在乎你是因爲失業或是失戀或是失眠。

這叫殊途同歸。

如果故事中的頭痛藥廠商做幾場消費者 insight 調查，他會得到什麼？如果他把消費者找來，再針對他找到的答案做輕重緩急的選擇，他會得到什麼？

當然，我們不知道故事中的頭痛藥廠商會得到什麼。但希區考克這篇故事足以讓我們知道：insight 的用法，必須比表象更深入，才夠 insight。

品牌人格分裂症

很多驚悚電影為了增加懸疑性與詭異難測的氛圍，便取材自精神醫學中的一種病徵：人格分裂，或稱作多重人格，根據這種無理可循的基礎再加油添醋後，便成為一種不可預期的驚悚，而這也正是宣傳的重點與話題。

市面上也有許多這類的書，書名不外是「幾個比利」、「一堆瑪麗」、「雙面某某某」。每次看完這種書，心裡都會有種羨慕與同情。

羨慕的是：一個人一生可以過好幾種或好幾十種人生，而且互不干擾，又不必負責過完某個人格的生活；同情的是，這個人的核心與靈魂到底是什麼呢？誰認得他呢？他又認得誰呢？

而有趣的是，品牌跟人一樣，每個品牌都有屬於自己的「品牌人格」（可不是品格，那又是另一件事了。），更有趣的是，品牌跟人一樣，有可能發生品牌人格分裂的狀況。

品牌人格分裂的發病症狀，最常見的當然是廣告上的調性不一。比如說，這支廣告片講日文，走日式風格，下一支，講京片子變成了古代中國，再下一支又走跟前兩支無關的路子。這個品牌到底是誰？消費者根本不可能在眾多廣告中一眼認出這個品牌。若要描述這個品牌的個性，大概綜觀它對外的傳播之後會得到一個結論：這個品牌的個性不穩定，不值得信賴。

廣告內容可以多變，但操作不好就變成了亂象。

成功的品牌就像人一樣，它的內在應該是豐富的、會成長的，它知道自己是誰，它的所作所為一言一行，只會更精準的把自己發揚光

大。而不是讓消費者眼花撩亂，摸不著頭緒。

品牌要成功，就要讓它比其他品牌更容易被消費者認識。品牌的廣告在形式上多才多藝多語言多國經驗，不是不好，但這些應該只是發揚品牌人格的執行方式而已，眞正重要的是要找到這個品牌人格的重點跟核心所在。

品牌人格應該在上市之初就已經設定完成，是「天生的」，就像基因一樣重要，就像血型一樣不能改變。

如果很不幸地，品牌發生了人格分裂，那就得趕快統一它的人格。

首先，不妨先觀察市場上競爭者的個性與作風，然後創造或選擇一個與眾不同的、跟產品本身不相衝突的、具廣大市場性的「人格」。然後，運用大眾傳播的力量，密集地以全新面目出現，不斷地爲消費者洗腦——讓消費者忘記以前似是而非，既模糊又分歧的形象。

在電影或小說裡，人格分裂或許是銷售上的一大賣點，但在品牌經營上，唯有一致的品牌形象才能讓消費者信賴。

閱讀品牌文本

前面提到品牌第二春的時候，說到了對競爭對手與自己進行分析的工作。這項工作，可以借用一個文學理論的分析手法來進行：文本分析。

很多經典著作都附有一篇文本分析。「文本分析」不是讀者的事，是研究學者或導讀人做的事。

也許，每個品牌也該有一份文本分析。

當然，市面上的各個品牌的份量與格局大小不一，存活年齡和層次也完全不同。有的堪稱經典之作，有的是暢銷之作而且續集不斷，有的是地下刊物型，有的則是走冷僻路線，也有的是笑話一則。

但只要是在市場競爭下存活的品牌，都可以作爲文本分析的主體，至於已經「往生」的品牌，則可以列入對照組，進行交叉分析找出死亡原因，以免健康品牌重蹈覆轍，而其所得的品牌「驗屍報告」，也許還能即時提供一些急救方法給「病入膏肓」或「中風」的品牌。

為品牌進行文本分析的目的是：
針對該品牌的內在精神與外顯行為，
加以辯論、對比、延伸、預測。
品牌文本分析是一種對於品牌本身所做的檢驗。

更甚者，如果是同一家企業的產品，還可以進行「器官移植」，將某些優點擷取之後，轉移到存活品牌身上繼續運作。

如果打算爲品牌進行文本分析，首先要進行的當然是招募「分析者」。所挑選出的「分析者」非常重要，因爲，基本上，這是一件屬於學術討論的東西，它的目的是要針對該品牌的內在精神與外顯行爲加以辯論、對比、延伸、預測，是屬於對於品牌本身的檢驗。它不必對消費者公開，也不需符合任何行銷理論。它可以是引人入勝、天馬行空的觀點。（誰知道不會有實行的可能？誰確定不會有峰迴路轉的一天？）

所以，分析者絕對不可以是平常搖旗吶喊，護「牌」心切的掌權人或掌門人或看門狗。

因爲他們太清楚遊戲規則，太知道什麼是不可能的、什麼是不可行的、什麼是危險的、什麼是「沒有人

這樣做過，所以我們最好也不要這樣做」。如果讓這種人進來作品牌文本分析，結論一定是屬於：故步自封、少作少錯型的答案，以及「老闆不會喜歡的啦」這種話。

「品牌文本分析」是企圖從研讀的角度檢視品牌，運用思考或想像找出新的可能與出路，千萬不可以有「政治」勢力的介入。

因此，除了涉入太深的權威級人物、顧而不問的官僚以及沒有品牌概念的人員之外，都歡迎加入解讀行列並提出看法。

而所得到的品牌文本，不需要達成共識、也不需要統一口徑整合觀點，而是要讓迥然不同的想法，以同等重要的方式並列。

這份另類而開放的「品牌文本分析」便能提供那群眞正在線上作業的戰士們，以「超現實」但不無可能的觀點去進行模擬、思考、策劃。因爲，進行「品牌文本分析」的最終目的，就在於成爲最受歡迎的暢銷品牌！

成功品牌的經營策略

亞里斯多德說過一句話：「卓越不是一種行爲，卓越是一種習慣，不斷重複的習慣。」

我把這句話轉送給所有的成功品牌。因爲，這句話便是「已成功」品牌的未來經營策略。

也許是景氣使然，許多在多年前成功的品牌，現在也或多或少受到影響；但也許這種狀況根本與景氣無關，而是因爲品牌本身抵達顚峰成熟後，戴著桂冠坐吃山空，便只得趨於老化狀態。

爲什麼行銷人員不做改變呢？老實說，我想不透。如果不改變，就只有死路一條，改變，至少還有另一種可能的生還機會。

於是我仔細觀察了一些這類屬於過往的「已成功」品牌，發現到一個有趣的現象：當年使這些品牌成功的因素，也正是今日使它們趨向衰敗的因素。當然，每一個成功品牌都有造成它成功的獨特因素，但是綜觀全局，簡單來說，的確是成也由它，敗也由它。

爲什麼呢?首先，時代在改變，消費能力與消費觀點也在改變，所以，當年那個能讓該品牌異軍突起的因素，極可能已經不適用了，甚至早就被視爲老調重彈而被消費者給淘汰了。

那麼爲什麼這個品牌還故步自封不知進步呢?這都要怪行銷人!市場詭譎多變，但有些行銷人員往往採用最保險的策略：既然某個方法曾經有效，那麼它一定或應該一直有效，所以，絕對不要改變當年操作品牌的方法。

於是成功品牌就如一灘死水，不准外來的活水加入，不准釋出水中長年堆積的沉澱物，如此一來，除了乾涸一途，別無二路。更別提還妄想擴大流域，拓展版圖。

所以，「已成功」品牌的行銷人員一定要記住亞里斯多德的那句話：「卓越不是一種行爲，卓越是一種習慣，不斷重複的習慣。」

當年你的品牌是因爲逆勢操作、或是不按牌理出牌、或是匪夷所思的創新策略而成功，時至今日你應該做的事情是：繼續保持當年的品牌精神，找出新觀點，而不是死守已經成爲陳腔濫調的模式。

金字塔尖的核心化與邊緣化

常有機會聽業務人員說起客戶端的人事變更與改朝換代，故事高潮迭起波折不斷，比灑狗血的連續劇有過之而無不及：有的是新血接棒，有的是千年大老明升暗降被架空，有的是家族企業的世代交替，有的是空降部隊掃蕩舊臣，有的是群雄割據互相吞併。

面對這類的人事變化，身爲與該企業合作的外圍單位，眞正感嘆的不是他們的人事起落、「豬羊變色」的無常，而是主事當家者一旦改變，政策與風格也一百八十度大轉彎，企業體的經營理念或核心精神被拋諸腦後，只有當權者的一己之思(不一定是一己之「私」)。

新任當權者的一己之思，不一定對或錯，但在眾多「物是人非」的企業中都出現某種有趣的現象：不是採取更大膽更領先的作風，就是回到更保守更令人匪夷所思的回頭路，而幾乎沒有維持現狀的（這一點倒是充分掌握到了人事更迭的主要目的）。

身爲行銷人，親身面對企業的思潮改變是很有意思的事；最有意

你的想法是一己之思，但它常常會變成一己之「私」。

思的是我發現：主事者的用功與否、進步與否，直接決定了這個企業的「邊緣化」或「核心化」，當然也直接決定了他麾下的產品，未來在市場上的邊緣化或核心化。

這與當權者的年齡無關，只與當權者的心態有關

在權力核心更替的動作中最有意思的一個現象是：一旦成爲了核心人物，便失去了核心思想；一旦失去核心思想，就不可避免地朝向邊緣化。

什麼是邊緣化？就是過氣、退流行、淘汰。

爲什麼核心人物會成爲邊緣人物？

一個社會有很多企業體，一個企業裡有很多員工，但各企業體的主事者或領導者只有一個。所以即使這些居於企業高位的領導者是社會經濟的核心人物，但他們卻是人口的極少數。也就是說，他們既是核心人物，也是邊緣人物。

這些核心人物在某些財經或趨勢上提出了令人讚佩的見解，社會的進步需要靠他們的思維或理想推進。但是，眞正能影響到社會風潮

與改變趨勢的人，卻是其他的大多數人——非企業體的核心人物。

所以，當企業領導者以核心人物之姿，企圖主導趨勢或創造趨勢時，必須先接近、看見、體會大多數人的生活——也就是消費者的生活，而不硬將自己的想法強加在大多數人身上。因爲，大多數人在生活中所關心與在乎的事物和他們的喜怒哀樂、思考方式、生活企圖，都與金字塔頂尖的核心人物大不相同。

金字塔尖的觀點，對於不在金字塔尖的人而言，不具實質意義。

如果核心人物一味以自身經驗推論，誤以爲自己獨特的生活型態就是主流，那只會加速自己的邊緣化。因爲撐起整個經濟結構與消費市場的仍是大多數的人們。

核心化或邊緣化？在於你是否生活化！

大多數人在生活中所關心與在乎的事物，
以及他們的喜怒哀樂、思考方式、生活企圖，
都與金字塔頂尖的核心人物大不相同。

狂想

有機之談，無稽之談

不要用一生的長度來看。光是在我們生活的任何一天中會遇到多少無稽之談？除了最常聽見的廣告詞、政治文宣、還有結婚誓詞，切結書，某些奇特的法律條文，具私人樂趣與虛榮條款的公司規章……

我們現在需要的是：有機之談。

有機（organic）指的是：無化學肥料，無污染，自然養成的過程或產品。

其實，早在歐美藝術界即有「有機繪畫」的概念出現。但這兩個字直到近年才被食品界炒熱，而成爲最爲大眾熟知的、新興的字眼。

現在，「有機」這個概念幾乎可以被普及運用。可以這麼說，我們活在一個有機世紀。

先看看我們將遭遇到的、以及可能被創造的各種「有機形式」吧。它們可能都是我們有機會的財源呢：首先，繼歐美的有機藝術之後，有機閱讀、有機思考將被提升至新世紀的主要腦力進修方式。

到底什麼樣的閱讀方式、什麼樣的思考方式才可被歸類爲「有機」？很簡單！無污染！無化肥！除了書本的紙張或製作本身不能造成污染，它的內容也應當如此；還有它的產物（使你產生的結論、想法、行爲）。

於是，我們可以依此類推未來將可能出現的有機物：

有機夢想、有機心情、有機憂鬱、有機工作、有機建築、有機會議、有機時尚、有機休閒、有機旅行、有機睡眠、有機愛情、有機電腦、有機電燈、有機光線……

但唯有成爲有機人物，週遭的環境才能隨之有機化。（不要用雞生蛋蛋生雞的邏輯當藉口，認爲非要環境先改變，人才能改變。）

如何成爲「有機人物」？有機人物的基本精神是：不受污染、不造成污染、信念單純清楚、具吸收消化整合能力、具高度生產力。也

就是說，獨立思考能力最重要。

我們每天接觸到大量的訊息，其中有八卦、經過處理的消息、未經處理的原始資料，我們必須懂得篩選過濾掉無用的、干擾眞相的消息，並且將有價値的資料相互結合產生出新想法、新結論。重點在於：該筆資料或消息對自己有所啓發（所以每個人的狀況都不同）。

獨立思考的訣竅：面對一個資料或訊息時，自問：我可以如何運用它？我會不會被它運用？或是根本不必浪費時間考慮以上問題。

當你發現某個資訊可以啓發你時，它必定對你有價値。例如：消費者調查報告。但當你發現某則消息普遍到人人可得時，它要不是不値一顧，就是最有價値的時候早已過了。例如：消費者調查報告。

如果你發現每天面對的諸多資訊都不能使你獲得任何啓發時，請換個環境吧！你不是活在一個讓你腦死的環境，就是你已經腦死了，快讓出你的位置給有用的人吧！（若想自救，請試試獨立思考。）

在進行以上的思考過程一段時間後，你就會成爲初級有機人物。在思考如何成爲有機人物的同時，也許你也發現了「如何成爲有

機人物」可以是一項人力資源養成的營利事業呢！最理想的狀態是：在一塊有機土地上，蓋有機教室，再運用上述所提到的各種有機素材當作教材，並聘請有機教師（有機教師的養成又是另一個議題了！），對各學員加以「有機化」……這就是有機人物農場中進行有機人物的基礎養成過程。

而出產的有機人物有可以依角色需要而調整附加功能，例如：

有機客户：不被錯誤的賺錢觀念與不甚佳的品味污染。以避免用他的商品或廣告或活動污染社會大眾。

有機老闆：經營成分清楚，用人乾淨，信念簡單，不被不當的人工化肥餵養。

有機父母或子女：親情純粹、期望恰當、不過度要求茁壯、回饋行爲充分、不添加化學親情香料、自然養成自然收穫。

有機情人：身上全是眞貨，沒有化學塡充物。最重要的是不會產生污染。

有機總統：研發中。

……………

當然，要推銷「有機人物農場」，就要先從有機行銷開始！至於如何有機行銷，請你獨立思考。

側想

文化隔閡的行銷阻力與魅力

台北是個國際都市，所以，幾乎所有中型以上的公司裡，或多或少都有會幾個外籍傭兵；這些外籍傭兵的職位通常都不低，有的甚至是董事長級。

在這個時代，中外人士齊聚一堂爲同一目標奮鬥，不僅可以刺激文化的交流，提供東西方觀點迥異之處的觀察討論，也可以有機會以更多的可能性來達成目標。

這些都是因爲相異文化之間互相吸引的魅力所產生的精采火花。

但是，我最近遇到一個歧視本地文化的老外，他把所有用中文表達的想法都歸爲「不夠好」的想法（因爲他看不懂趣味所在，連進一步了解的意思都沒有），並且希望大家不要再拿有「文化隔閡」的東西

給他看。

不知道他是否想過，事實上他是在這個他眼裡有「文化隔閡」的地方的工作，賺這個在他眼裡有「文化隔閡」的地方的錢養活自己。

□

我很驚訝，都什麼時代了還會發生外來者歧視當地文化的事情。

不過，這件事讓我想回頭看看，台灣地區的行銷人員究竟是把文化的差異當成阻力還是魅力。

我發現，台灣的行銷人員眞的很可愛，很寬容，很用功。

放眼望去，我們可以看見市面上充滿各種異國情趣的訴求：

有日本味的手機、拉麵、冷氣、冰箱、飲料；

有南洋風味的餐廳、速食、冰品、燒烤；

有美式的速食、服飾、藥品、電器、家具；

有來自大陸各地的風味餐、家鄉菜、泡麵；

有來自歐洲的、非洲的、東南亞的各式各樣東西。

有趣的是，以上這些商品有些確實是來自異國的進口產品，有些則是經由行銷人員想出來的行銷手法（也許是加一點法文、義大利文，也許是運用日本或南洋的場景，不一而足）。

但台灣的消費者有種包容的好奇心，喜歡接觸新的外來刺激，不論接觸到的是來自先進國家或是第三世界，台灣的消費者都能看見異國文化的獨特點，並且欣賞，至於是否會進一步消費，倒是價格或競爭力層面的問題。

重點是，台灣的行銷人員跟消費者從來不會因爲「文化隔閡」這件事而歧視其他族群。相反地，所謂的「文化隔閡」卻經常成爲我們的生活趣味或創意的原點。

台灣的行銷人員跟消費者從來不會因為「文化隔閡」這件事而歧視其他族群。

相反地，所謂的「文化隔閡」卻經常成為我們的生活趣味或創意的原點。

尤其是台灣的行銷人員，總以善意的觀點、崇敬的心情看待自己不熟悉的文化，因此總能發現文化差異帶來的魅力，學習到可用在當下的新觀點。雖然行銷業者常常彼此互嘲，那些喜歡在策略面的運用上把產品標示或廣告片加點洋文日文的做法是崇洋媚外的行爲，但這反應出的是在地人寬容的態度與好學謙虛的天性。

突然很感謝那個覺得在地人很懶惰、而且資質不佳的洋鬼子，他的態度讓我回頭審視我們這群一天到晚想把東西賣給在地人的在地人。因此我才能更清楚看見：

我們這些在地的買賣雙方，都是眞正的文化人。

座右銘與墓誌銘

品牌該有什麼態度

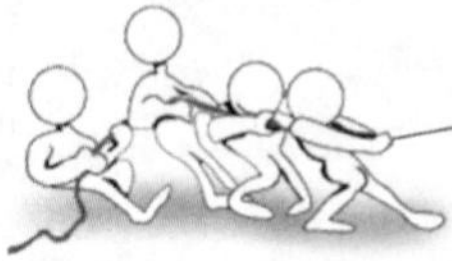

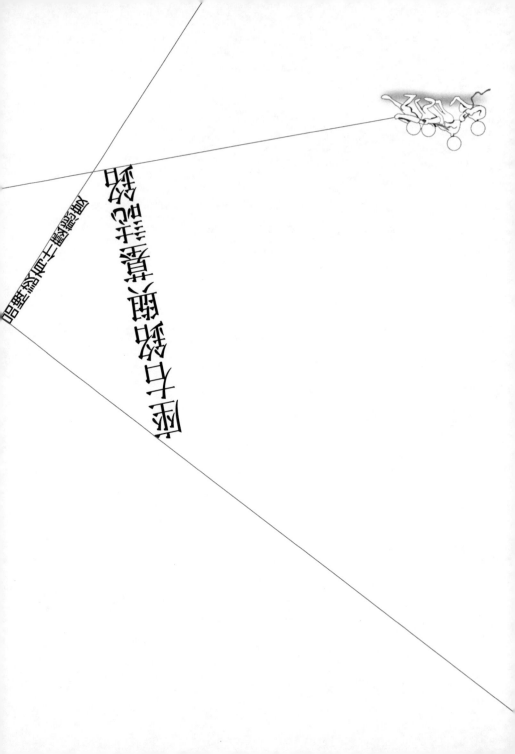

我一直覺得品牌像人。是人，就有八字。

人類看八字，據說要看生辰：年、月、日、時間。但是，品牌的八字跟人類的八字不同，品牌要看經營團隊。

怎麼看？把經營團隊包括廣告主、經銷商與代理商的八字，都拿出來合一合？如果你這麼想，我現在就可以明確地告訴你：你真的不適合幹行銷這一行。

那麼，到底品牌的八字要怎麼看？

看這三樣：天時；地利；人和。

「天時」，就是市場與大環境的觀察。

經營團隊必須能看清這個品牌即將進入的大環境「當前」是什麼狀態？這個大環境隱然成型的「趨勢」是什麼？順勢而為的助力是什麼？是不是所有競爭者也都看中了這一點，因此競爭更形激烈？激烈的競爭會造成市場的擴大還是戰場的割據？如果，逆勢而為呢？會因為無人盤據而輕鬆打下天下？還是自作孽不可活呢？逆向思考的優勢與風險比重如何？另外，你要的那個市場是存在的？潛在的？還是根本不存在的？

「地利」，等於是供給點與需求點的觀察。

出產地或製造廠的產量與產能穩定嗎？需求點多嗎？穩定嗎？有辦法開發出更多需求點嗎？在需求點普及之後，能提昇需求嗎？若需求急速增加時，供應的速度必須加快，有把握嗎？品質能維持嗎？

「人和」，等於是策略、執行力與目標的檢視。

在確定能發掘自己的天時、開發自己的地利之後，人和，便成爲決定勝負的關鍵。行銷策略一旦確定，執行單位便得全力以赴，但必須保證，策略單位的企圖跟執行單位的所作所爲，是向著同一個目標前進的。聽起來很好笑，難道大家的目標會不一致？老實說，常常不一致！不是故意的，而是策略單位的理想與執行單位的現實往往有落差，碰到這種情況，執行單位總是會自動自發地調降標準，以求應付現實的阻力，當然以應付現實阻力爲出發點的執行方法，就會失去當初以達到目標爲出發點的準頭。達不到目標，得不到消費者，還會人和嗎？因此，在策略與執行之間的默契，和互補行動都必須環環相扣，隨時因應狀況改變策略，但是，當初的目標決不可變動。

知道了方法，不妨立刻為你的品牌看看八字，只要確定「天時，地利，人和」，它就是個命好的品牌。

品牌帶著自己的八字，從自己的血統、家教出發，培養品德、風格、態度。要懂得成長進步，要持續學習，要懂得溝通表達，要勇於突破，要敢於與眾不同。最後也是最重要的：長大之後，要懂得賺錢養家！（再要求多一點的話就是傳宗接代：發展各類系列產品。）

以下，我將用這種審視「一個人的基本配備」的觀點，來看看市面上諸多品牌的生存狀況。這些包括：品牌的名字、品牌的人生觀或處世態度，以及不同產業不同品牌對相同概念的一窩蜂操作，或者是同類別產品、不同品牌的對自我的期許或主張，還有品牌對未來趨勢的嗅覺，代溝的學習與運用，以及如何掌握品牌的核心價值使言行舉止都能campaignable，當然最重要的還是，如何拿到比百分之五十多一點的成功機會。

取個好名字

有個朋友常被父母逼著要去相親，開朗的她來者不拒，因爲交交朋友嘛！又不是非嫁不可，況且，萬一眞的遇到了她的眞命天子，錯過了多可惜啊？但這一次，她遲遲不肯答應跟那個男孩子出去見個面，吃頓飯。大夥兒都在逼問她爲什麼？她的理由令人絕倒：「不喜歡男方的名字。」

大家在笑翻了的同時，我倒是覺得，如果把婚姻當成行銷來看的話，我這個朋友的反應倒眞是情有可原！

名字，是一個人的代號。有特色的名字能讓別人在還不認識本人，或沒見到本人之前就有某種印象。

舉個例子，如果一個女孩子有極爲女性化的名字，在見到她本人之前，因名字聯想而來的預設立場，極可能是將她的形象設定在柔美、嫻靜那方面；若女生的名字偏向男性化，對於因名字而來的預設形象，極可能偏向中性、陽剛；以此類推，若名字中的用字比較偏向

某類慣用字，因名字而來的對人的揣測極可能會偏向：台灣人，外省人，華僑，外國人；或有學問，沒學問……；而另外有種名字，則是因爲諧音而令人印象深刻，當然這種印象可能是好笑的，可能是令當事人尷尬或生氣的……。

這些種種的揣測，非得要等到見著了本人、有基本的交往認識之後，才會慢慢轉變、淡化，然後，回歸到「當事人」的眞正性格上。

商品的名字也是。

取個好名字，就能省掉很多錢，很多時間，很多麻煩！

品牌名就像人名，越獨一無二越好（你去看看每年聯考的榜單就知道我的意思了）。但是，獨一無二只是其一，這個獨一無二的名字並不是只要獨一無二就能成功！它最好能讓人琅琅上口，有風格，記憶度越高，越能聯想到本身個性越好。

爲商品取名字就像爲自己的小孩取名字，因此，首要之務是：想清楚你對商品的期望是什麼？是最有錢的銀行家？走另類路線的鞋子？金字塔頂端的珠寶？。

接下來，取的名字最好跟你期望孩子進入的那一個領域有關（容易跟商品本身的品類直接連結），但千萬不要用同一品類用過或常用的字。

光憑著以上這兩個條件，你就能爲孩子命出一堆名字了。

但這還不夠。

你還要想想，你希望這個孩子將來的個性是什麼樣的？快樂？幽默？正直？可信？勇敢？特立獨行？另類？洋派？鄉土？親切？高傲？……

這些個性與調性將會影響到你的用字，而你所用的字也必須與未來的服裝打扮（包裝設計）或言行舉止(傳播)契合。想想看，一個有洋派名字與洋派包裝的洋派產品配上鄉土的口音，或者是本土的產品有本土的名字卻配上滿口洋文……怎麼可能有氣質，有品味，讓人想親近呢？

取個好名字很重要。但在取名字之前的企圖與思考更重要。

側想

寺廟的品牌行銷神諭

許多人會在朋友事業感情不順利或是要祈福、要安太歲、要遠行等等活動時，提出建議：去拜拜！而且一定會說：「去XX宮或XX寺拜拜。」

爲什麼會指明是XX宮或XX寺?而不是任何一座廟?

我們能不能從香火鼎盛廟和乏人問津的廟之間，找到差異的原因而有所啓發（或該敬稱這種啓發爲「神論」）？

上廟拜拜，跟購物有點像。

就像你逛街購物時，會專門去買某品牌的鞋子或皮包，而不把其他皮包鞋子看在眼裡，即使款式雷同、質料相同、同一處代工進口；

甚至與朋友分享購物經驗時，大家也會交換彼此的個人忠誠品牌並且爲之代言。

瞧！這種忠誠度跟信仰很像吧！

□

不談宗教，只藉由寺廟的興旺來看看我們能從中學到什麼有關行銷上的東西吧！

回到「指明XX宮或XX寺」這件事上。

台灣的廟宇林立，知名的各大宗師與法師也多，除了各獨霸一塊目標群之外的幾大名牌廟宇，其他小品牌的廟宇也多如過江之鯽。就行銷上而言，是個競爭相當激烈的狀態。

仔細想想，都是廟（品類相同），都是神明（產品內容物相同），當然除了可能比較準、比較高明這個「變數」之外，還有下列可供討論的不同之處：

一、所在地理位置（具有集客力、或增加靈性的相對關係）

二、口碑（消費者使用後經驗）

三、名氣大小（知名度）

四、供奉者：給道上兄弟的、八大行業的、考試的、生子的、求姻緣的……（定位：單一訴求型、綜合量販型……）

五、會員制（制服、法號……）

六、常公開辦活動或捐獻之類（公關）

七、名人推薦（政商名流到場參與祈福，順便上媒體）

八、著名法師（主打商品）

九、神明分支（分店或副品牌）

……………

以上各點，好像在在都有著或大或小的影響力。

□

有名的廟就像「有神力的品牌」。一旦建立起知名度，除非該品牌

自己發生問題，否則，我們幾乎可以說它絕對會穩穩地佔據信仰市場，而且，時間越久遠越穩定、人口越多、勢力越龐大。

雖然「廟宇行銷」不在正規的行銷範例中，但是行銷人員不妨把它當成成功案例以作爲品牌規劃時的另類參考。因爲，當一個品牌能夠強壯到被消費者認同喜愛、產生忠誠信仰、以及習慣性的消費時，它就是該品類中最高明的「神」。

賣掉一個知名品牌皮包所得到的利潤，可能等於賣掉一卡車不知名皮包所得到的利潤。「知名品牌」，不僅是「値錢的品牌」，更是有神力的品牌，最重要的還是「神力」的持續，所以，別忘了維持產品品質、品牌態度、高知名度。

最後，要感謝神賜給我們這一則行銷上的另類神論。

答案行銷

每個人的生活都一樣。

每個人一天都有二十四小時，都要在食衣住行育樂中不斷來回往返穿梭，都要處理喜怒哀樂，都要在過日子與過年過節中不斷交替著轉換心態……。更重要的是，每個人都會碰到相同的問題。

每個人都會碰到相同的問題。

但是，每個人都選擇了不同的答案。

而這些形形色色的「人生答案」，正是行銷的機會。

這些「人生答案」可概分爲兩種：一種是商品本身，一種是品牌。

商品提供的「人生答案」，通常偏向功能性，例如：安靜無聲的冷氣，省電的冷氣；省油的汽車、性能好的汽車；能上網的手機、三頻的手機、筆記型電腦的手機；解渴的飲料、提神的飲料；減肥食品、低鹽食品……

品牌給的「人生答案」，多半是屬於態度上的、精神層次的、自我感覺的、自由心證的。例如：運動品牌中的NIKE提供的答案是：just do it；手機中的NOKIA提供的人生答案是：connecting people；飛利浦電器則說：let's make things better.；而GAP服飾說：every generation has a gap。

除了在日常生活中提供日常生活所需的功能性人生答案，以及日常生活中不一定需要的領悟性人生答案之外，還有一種答案是這樣的：品牌本身給自己的商品一個「人生答案」。比如說：我們是XX業界老二；我們是最大的小公司；我們最盡力；我們最安全。

消費者，或者該說，像你我這樣的人們，到底在追求什麼樣的答案呢？

一早起床，走進浴室：牙刷用什麼牌子？是用電動的？傳統的？軟毛的？不規則刷頭？可彎式刷頭？分離式刷頭？牙膏是什麼牌子？加氟的？去斑的？旋轉式蓋子？開啓式蓋子？……我們眼睛睜開便面臨答案的選擇，直到我們閉上眼睛躺在床上也不停止：羽毛枕、乳膠

枕、茶葉枕、籐枕……絲被、羽毛被、毛毯、電毯……日本進口、歐風設計、澳洲羊毛……我們從早到晚都在爲不同的問題找答案。

隨著生活與科技的進步，人們需要的答案越來越多，市場的商機也越來越大。

想想看，一個問題，卻能擁有成千上萬的答案可供選擇。

怎麼不令人興奮？

從另一個角度而言，更棒的是，大部分的人們並不會自覺到：某個問題是一個「問題」。而即使發現問題，通常也只是浮雲掠過心頭，因爲心中總猜想，解決該問題的答案可能並不存在。

因此，一個品牌或商品若想滲入消費者的生活，方法其實很簡單：只要明確地說出或發展出更打動人心的品牌態度與價值觀，而各類商品或新商品能清楚地表明他們了解「問題」所在，接著，想辦法主動對號入座。

就身爲想過好日子的現代人而言，誰不想輕鬆地拿到人生答案呢！

買賣夢想

我喜歡跟朋友們聊夢想，每個人對於自己都有一個夢想中的樣態，包括精神層面與物質層面。夢想中的樣態很明顯的分為兩種：一種是拋開傳統價值觀的壓力與家族的成就期許壓力之後的樣子；一種是完全符合社會價值觀與經濟地位的要求。

很有意思的是，先不論大家的理想層次或對自我的要求，我發現大家竟然都是：住在你能住的地方，而不是你夢想要住的地方；過你能過的生活，而不是你夢想中的生活。

現實中的我們，距離夢想中的我們竟是如此遙遠，而這「遙遠」又是如此的清晰，清晰到讓我們清楚的知道現實不是夢想。這時候，忍不住想感謝廣告，許多廣告幫了我們一個大忙，拉近我們跟夢想的距離。

廣告的主張讓許多商品幫助我們發揮「夢想的力量」，讓「夢想」成為主導的動詞。所以，你便開始「夢想」你已經住在你夢想中的地

也可以有「態度」與「想法」。
付出遠超過實質價格的動力，
就是這種虛擬的人性化主張。

方，並且「夢想」你已經過著你夢想中的生活。

一支錶，一個戒指，一支筆，都將因為加諸在其上的廣告主張或宣傳手法而不再是一支錶，一個戒指，一支筆。你使用的東西開始為你對外發言，你選擇的品牌開始表明你的立場，你對某些品牌的偏好度更表達了你的生活態度與信仰。

這些生活日用品或奢侈品，經由廣告傳達出的主張，巧妙而完美的搭配著你心中的夢想或奇想或妄想。

一幢離市區很遠，交通時間很長的房子，在廣告的「正面思考」之下，可以成為遠離塵囂的世外桃源。而建在低窪地區、可能有淹水危機的別墅，正面思考的觀點會是面湖而居，依山傍水。

騙人？不必要低劣至此吧！應該是「正面思考」，是「夢想」，也是「幽默」。買方、賣方、仲介商，我們都活在同一片土地上，誰騙得了誰呢？只是，話挑好聽的講罷了。

那就像買一支筆，跟買一段有動人故事的歷史淵源，相較之下的

即使是一個螺絲釘
促使人們心甘情願

份量，不可同日而語。

買一支錶，跟買一段時光刻度的感受，心理層面的觸動也大不相同（當然，你必須爲之付出的價格也大不相同）。

許多在功能上面已經沒有特殊差異化的商品，需要的正是多一點無可取代的附加價值。

這個附加價值就是一種：讓人們「夢想」已經住在夢想中的地方，並且「夢想」已經過著夢想中的生活的力量。

你的商品還在訴求基本功能嗎？千萬不要在眾所皆有的基本功能上作文章！它將永遠無法被認識與認定，因爲它不稀奇、不吸引人，更因爲它的替代性太高。

即使是一個螺絲釘，也是可以有「態度」與「想法」的。而促使人們心甘情願付出遠超過實質價格的動力，就是這種虛擬的人性化主張。

幸福哪裡來

在談完以人生答案或夢想作爲品牌方向或 idea 後，不妨接著看看這個被許多品牌跟產品同時炒作許久的主張：幸福。

「請給我幸福！」、「我一定會讓你幸福的。」、「一定要幸福喔！」……日劇中的幸福台詞在這幾年的哈日風的吹襲下，已經成爲「台式」在地日常對話中的一部份了。

幸福。不僅被借用成爲商品發展概念或促銷宣傳口號，也被許多廣告直接用來當成文案使用。

先看看市面上訴諸幸福的商品吧：

喝了就感覺到幸福的飲料；

吃了就感覺到幸福的泡麵；

載滿全家人就感覺到幸福的房車；

頭期款只要一萬二或三萬三的全新完工高級幸福住宅；

此外，還有廁所芳香劑、牙膏、鑽石、巧克力、豆腐、保險……

幾乎每一樣商品都能讓人買到幸福。

然而，這麼多的幸福：唾手可得的幸福、口頭上的幸福、宣傳品印刷上的幸福……到底，這些商品或行銷手法，帶給大家什麼幸福？

這讓我想起費迪曼（Clifton Fadiman）的《一生的讀書計劃》一書中所提到的一段話：「幸福——這樣的功效屬於牙刷、汽車、除臭劑，卻不屬於柏拉圖、狄更斯和海明威。」

費迪曼眞是眞知灼見啊！一語道破行銷上操作的人性伎倆。當然，幸福或不幸福，本來就是自由心證。因此，「幸福」兩字便得以成爲最概括性的安全說法。

優點是：讓人幸福的承諾，幾乎不會被抗拒；

缺點是：幸福兩字太過模糊，甚至已經浮濫到令人視而不見，聽而不聞，很難爲之心動的地步。

不論是從廣告中看見幸福的投射，或是以價格換取幸福的物質象徵，接下來想要再用「幸福」打動人心的，恐怕得先「解構」幸福了。

首先，針對目標群，找到他們心中的渴望或遺憾。通常，就行銷的宣傳面而言，越大的幸福，代價越高（價格越高）。比如說，吃碗泡麵或杯湯所帶來的幸福，跟鑽石戒指的幸福就不一樣。

而即使是同類商品，例如車，也會因爲消費者的不同而給予不同的幸福，雖然每個牌子的車都是車。舉個例子來說：二十二歲年輕人的幸福，四十五歲中年男子的幸福和六十五歲男人一定不同。假設這三種人都有固定工作，現在都要買車，對他們來講，駕馭一輛屬於自己的車的那種滿足感，就是「幸福」。六十五歲的人，要的可能是安全

接下來想要再用「幸福」打動人心的，恐怕得先「解構」幸福了。

試著在情感細微面上尋找人們未曾察覺，但始終存在的東西，善加運用這些深層的情感需求，將能製造出與衆不同的幸福承諾。

與高高在上的隨性；四十五歲要的可能是地位與財富的表徵；二十二歲要的可能是速度與個性。

每個人都有自己的幸福，而且在食衣住行育樂各方面，對幸福的要求也都不同。

我們除了可以直接以滿足消費者顯而易見的幸福要求爲主要訴求之外；也可以試著在生活細節或情感細微面上，找到許多人們未曾察覺但始終存在的東西。只要能善加運用這些深層的情感需求，它們紮實的厚度，將讓你的品牌提供的幸福承諾與眾不同，而且無可取代。

側想

實話不實說

有人問國外一個作家對於小說的看法，他說了一句話不僅讓我心有戚戚焉，而且拍案叫絕：「小說，就是不顧一切撒下漫天大謊。」

我心底來回念著這句話，然後忍不住看看我自己所從事的各類型小說寫作，覺得這個作家已經揭露了小說的眞諦。但我抬頭再看看我的廣告創意工作，卻開始感到憂心與開心。開心的是，「不顧一切撒下漫天大謊」並不適用於廣告或行銷；憂心的是，還有許多從事這類工作的人仍在「不顧一切撒下漫天大謊」。

我所察覺到的「不顧一切撒下漫天大謊」，可以大略分爲幾類。

第一類是誇大其實（或稱做 over promise）。很多採用這一招的人，心安理得地認爲：放大所能做到的承諾，給消費者不切實際的夢想是合理的販賣招術。

第二類屬於超現實派，就是乾脆把謊話再說大一點，大到一聽就知道是謊話，那麼就沒什麼好挑剔的，愛信不信隨你。

這一類販賣者把這漫天大謊極爲學術性的稱爲「後現代戲劇化手法」。通

常，這一類產品不在文字言語上把話講清楚，而是利用獨創的難解的專業性術語，或超乎想像的圖片影像來做承諾。

消費者的確會被這類前所未有的「後現代戲劇化手法」所呈現的「後現代戲劇化手法」給迷惑，而且也無從挑剔起，因爲功能是虛構的，承諾是虛構的，當然無漏洞可查。

第三類則比較情有可原，屬於「天眞」派。這類漫天大謊純屬出於無知，而絕非惡意欺瞞。例如某些販賣祖傳秘方或具神奇療效藥物的廠商。但我一直想不透，這些廠商何不檢討反省：如果眞的如他們自己宣傳訴求所說的神奇有效，爲什麼至今仍未得到諾貝爾獎呢？

第四類則具爭議性，因爲手段高明不算撒謊，頂多只能稱做「沒有說出全部的眞相」。

當然，造成這類「不說眞相」的原因不外是「無話可說」。因爲產品本身根本沒有特殊銷售點，在基本配備上又無法跟競爭者比。此時，廠商通常採取聲東擊西法，只全力製造出某種迷人假象。這類手法對消費者具有某種緘默的魅力，消費者沒有任何東西可抱怨，因爲根本沒有承諾任何東西。最常見的是以一些感人卻空洞的字句做爲販賣重點，例如：幸福、感動、視野好、景觀佳……

講故事給消費者聽，故事要說得好，但別說過頭。

咖啡的立場

喝咖啡這件事，已經從一個浪漫的動作變成是一件很有學問的事。

從咖啡豆的選擇開始，一直到煮咖啡的方式與過程，再一直到飲用的氣氛與時間與心情，都有專業級的學問與理論。是的！連當時的憂鬱指數或生活態度都有配合咖啡種類的標準規格呢！

在這個世紀，除了鑽研或享受現煮咖啡的浪漫與悠閒之外，更值得進行咖啡觀察的是即飲咖啡。

即飲咖啡越來越多，有罐裝、鋁箔包、保特瓶等等，但是每罐咖啡的立場都不同。這是很有意思的事——咖啡的立場。

由於包裝咖啡飲料算是替代性極高的解渴飲料，因此在傳播上的操作時，通常不會有太過尖銳或偏執的立場，原因是：不過是喝點飲料來解渴，以解除生理的缺水負擔而已，實在不必增加心理負擔。

當然，它們還是絕對會有某種訴求與調性，來與市場上其他的咖

啡做區隔，並且針對目標市場的心理需求下手。有時候，更因爲它們的某種主張打動了、連接了人們日常生活的態度、夢想，或是挑明了、啓動了人們潛意識中不被自我察覺的渴望以及喜怒哀樂，而成功地得到了消費者的認同感。

包裝咖啡這麼多，在這個品牌說話的時代裡，你選擇什麼樣的咖啡，喝什麼品牌，往往也能讓旁人隱約嗅出一種行爲態度上的端倪。

所以，在挑選咖啡時，先看看咖啡們的立場吧！

我們不妨邊喝著現煮咖啡，邊回想一下這些咖啡的廣告片傳達出什麼樣的氣味來吸引喝咖啡的人。而要求你喝現煮咖啡的目的，是爲了不因喝以下其中任喝包裝咖啡而產生觀察上的偏頗。

左岸：法國的、人文的、古典的、具有現實想像力的、獨享的、女生的、黑白的、自由精神的。

伯朗：台灣的、音樂的、歡樂的、青少年的、不分男女的、彩色的。

藍山：男人的、孤獨的、憂鬱的、旁觀的、置身事外的、渴望釋放的。

曼士德：異國的、成熟的、浪漫的、男與女的、隨性的、邂逅的

主張：生命就應該浪費在美好的事物上

畢德麥雅：溫馨的、片刻的、人群的、不分男女的

幻象馬雅：有勇氣的、獨立思考的、知道自己在做什麼的、陽剛的。

主張：心，是人生最大的戰場

所以，當你嚮往異國的藝文氣質、而現實生活又無法滿足你的想像時，一杯左岸，便能提供你逃離週遭寫實環境的虛擬意境。

當你與全家人甚至高達三代同堂的人口一起出遊時，伯朗咖啡可能是大眾口味、老少咸宜的歡樂選擇。

當你需要紓解置身熱鬧之外的孤獨時，你會喝一罐藍山並伸展雙

臂。

而當你在現實環境的不滿與誠實面對自我的戰場兩端遊走不定時，你可能需要一罐幻象馬雅黑咖啡給你勇氣與力量，去挺身而出、去爲自己而活。

挺有意思的，不是嗎？我們在喝咖啡中找到一種想像、一種補償，不變的是，不論找的是喜怒哀樂中的哪一種，那終究是一種浪漫情懷。

喝完了咖啡後，先從感性回來理性一下吧！

各位咖啡們啊！剛剛我只挑了幾個直接跳進我腦海的咖啡品牌做觀察，對沒被提到的咖啡們，並非存有任何偏見，只是純以浪漫的念頭掃描腦中的記憶所得罷了。而就咖啡的浪漫本質而言，應該不會介意我浪漫的舉動與遺忘吧。

復古的新想法

不管是藝術創作、商品行銷、服裝設計、廣告創意，大家都在找新概念。倒也不是眞的在找，正確地說是在開發、在創新、在結合。而經過時尚的炒作與觀念的進程之後，現在最流行的是：復古，「復古」這個概念。

復古，既是動詞，也是形容詞與名詞。但復古絕不是眞的去復古，眞的回到從前。

什麼叫復古？就是把過往的風格再重新演繹表現一番。所以復古應該是個有清楚的目標指向的過程。

但是，爲什麼已經過去的會再度流行？爲什麼曾經被淘汰的會再度成爲主流？

講到復古過程，我覺得詹姆士．賴佛 (James Laver) 所設計的時間表最能表達這個過程。這個表是用一件衣服舉例：因爲時間不同、觀念不同、所給予的評價也因而迥然不同：

10年前	5年前	1年前	現在	1年後	10年後	20年後	30年後	50年後	70年後	……
無禮的	無恥的	大膽的	時髦的	過時的	可怕的	可笑的	有趣的	古典的	迷人的	……

因此，上一季或前年的愚蠢想法可能是今年最in的點子。十年前被消費者唾棄的商品，可能是明年當紅的流行。

問題在於，在淘汰速度大過當紅流行速度的今天，我們該如何掌握趨勢與潮流呢？

其實，所有的趨勢預言都是人工製品。也就是說人人都可以製造趨勢、創造流行。當然，不是憑空亂說就能點石成金的，還是有些方法可循。首先是細微之處的觀察；然後是分析其背後隱藏的意義，通常都是隱晦的心理層面意義；再來是回頭看看之前的流行走向。最後找出它們之間的交集。

沒有任何東西會突然之間大肆流行，在流行與流行之間一定有個**過渡的橋樑**。那個橋樑就是我們要去發覺的交集，那個橋樑就是最明確的暗示。

有時候我們會聽見有人感嘆：「XXX怎麼會突然間那麼流行？」那個感嘆的人必定錯失了許多細節，當然他最大的感嘆也許是在錯失了許多商機吧。

剛剛所說的「過渡的橋樑」到底是什麼？

我們要如何把它搭在通往未來的路上？

舉個很簡單的例子：這幾年當道的綠茶。

綠茶的流行可不是像流行性感冒那樣的突然之間的大流行。首先我們來看看在綠茶成爲主流飲料之前發生了什麼：「恐懼肥胖、恐懼熱量」的想法，已經在市場上當道了好一陣子，除了在身材與服裝上已經成爲流行事業的主流外，再加上新世紀簡樸飲食概念的炒作、癌症病例激增、健康的高度關心：低卡低油低鹽低糖的食物需求已經在在被暗示了。

而綠茶的天然、健康功能與簡樸的解渴風格當然是時勢所趨、勢在必行。更有趣的是，其實喝綠茶也是復古的一種體現。熱飲、現泡、悠閒的傳統，到了現代人手中，演繹成了冷飲、即飲、隨身攜帶方式。

關於趨勢，多觀察身邊的枝微末節吧！

狂想

流行食物界主流色彩預言

只從蛋塔的大行其道，我們還不敢揣測關於顏色的流行端倪。但是當芒果冰也以夏日的食品天王之姿，再創排隊市容與人造景觀時，這一宗冰品業的經濟奇蹟所提供的關於食物流行色彩的端倪便不容忽視了。

二〇〇二年是黃色年。是的。黃色。正黃色。

黃色，極可能仍是流行食物界下一波的主流色彩。

在此之前，我得先說明所謂的「流行食物」。

【流行食物】：就像任何一種流行商品一樣，無理性上的實質效用，但在感情面向上，具有無可取代的急迫性。它總以前所未有的所向披靡之姿造成名聲上的轟動與令人咋舌的利潤。流行原因不明且複雜。流行時間不長。隨時會有下一輪「後起之秀食物」取而代之。

面對流行食物界仍將繼續吹黃色風，食物界該如何因應呢？不妨分成兩種情況來看：一是食物本身就是黃色的；一種是非黃色食物。

先就「天生黃色」的食物本身來看吧！

芒果、香蕉、黃西瓜將是下一輪夏日冰品中的前三大主流商品。而運用在冰沙、冰淇淋、霜淇淋、刨冰、冰棒上之後，這類食物也成爲蓄勢待發的潛力食物與績優食物。

如果食物不是黃色的怎麼辦？

黑髮可以染成金髮，如果不是黃色，當然也可以靠包裝。

靠包裝？對！就是包裝。不論是鋁箔包或寶特瓶或鐵罐或外帶杯、泡麵的外袋、碗麵的碗蓋、各式點心零嘴的紙袋、包裝盒，都可以運用正黃色吸引人氣。（鄭重聲明：設計太醜的包裝不在此列。）

但天生黃色的食物太少，也不可能將所有食品類的包裝都改成黃色啊？

沒錯！所以才叫流行食物嘛！

那麼你該如何面對上述這種又大膽又偏執的預測呢？

如果你是業者：首先，賣得好的就別更動它！賣不好的就姑且試試看吧！

如果你是消費者：請盡量快樂地做個流行食客吧！

另外，最近全世界各類案件頻傳，有一樣東西也不斷在眾人眼前出現，那就是：警方用來標示界線、隔離群眾的黃色警示條。根據不負責任的預測特權之下，容我在此大發異想：黃色捲筒衛生紙會大賣。

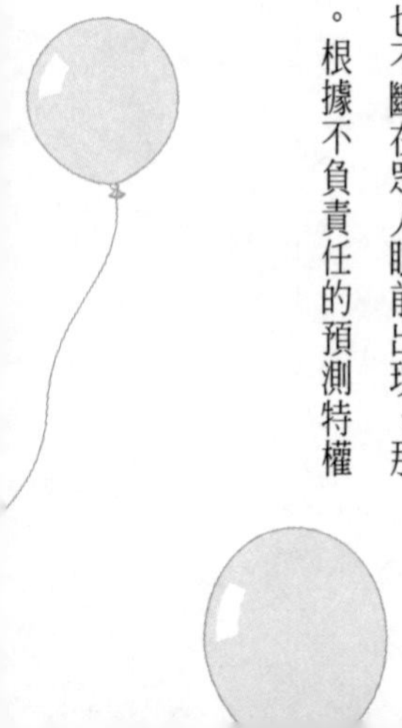

中性式微，極陰來臨

在上一個世紀末之前的一段時間，有人開始預測新世紀的趨勢與走向，其中，「中性」這個思維是最受矚目的思考之一。

有趣的是，「中性」這個概念，提供給每個人的解讀與運用方式都不同。在各種解釋中，我發現，所謂的「中性」，以及「中性」兩個字本身具備的寬容度與自由度，使中性差點偏向「中庸」。

但中性絕非中庸的溫和。中性是帶著冷冽的疏離智慧。

中性，就是 **alternative**。

於是，遠在上個世紀末期的初期（我覺得這幾個字的組合充滿了時間的流速與跳躍感），流行事物與商業設計界便開始宣揚中性時代的來臨，並且開始以號稱前瞻性的手法或商品來提前體驗未來世紀中性風的落實。於是，我們最先看到了中性風格的服飾。

「中性風」在真正成爲新世紀的思考方式之前，就已經被安置在成衣上了。也就是說，在「中性」內化爲一種內在省思力量之前，「中

性」已經成爲外在的一張宣傳海報了。好的是，這個概念容易被看見、並讓人們覺得「它」平易近人；但也有弊端，許多純粹發揚在服飾打扮上的「中性表達」，使得許多思想仍活在上個世紀初期的人們誤以爲，不男不女的服裝便是中性的眞諦。幸好這中間充滿了修正與再表達的空間。

但最大的弊端恐怕是在於，「中性」將因爲過早的宣傳，以及過於表象的表達而讓人厭倦，進而失去它原有的包容度與寬大力量。

而最早汲汲於參與「中性」的流行服飾界，可能也是最早厭倦並揚棄「中性」的一群人（雖然他們的確喜愛在一樣東西被大眾接受後，便頭也不回地立即另闢新的冷門玩意兒，並炒熱它），所以我們將會看見極陽或極陰的風格再度受到青睞。但這次必須避免的是，極陰或極陽的風格不要只流於一件隨處可見的宣傳外衣。

中性概念可以被販賣，那麼極陰或極陽的概念是不是也有被販賣的可能性？（中國的古老思想之一：陰陽調和。只宣揚中庸，但未讚揚中性。）

當我們跨過了世紀的交界向前邁進，回頭看見的也許是：中性要召喚的只是簡約的觀念與另類的選擇權。但當中性成爲主流時，極陰或極陽的痛快分界卻極可能是下一波另類選擇。

而「另類」，也只是蓄勢待發的主流。

在柔能克剛的提示下，在可塑性上，在折衝彈性考量下，在市場的廣度要求下，陰性將是下一波的概念主流。柔軟的質料，可自行組合的變化，非固定模式，將大行其道，例如：可重組式家具、可重組式家庭、輕質感軟布料、婚姻結構、自行加奶加糖的包裝咖啡、彈性工作空間與時間……。

但在陰性概念盛行時，會受到最大挑戰的將是忠誠度。對自我的忠誠度、對信仰的忠誠度、對婚姻契約的忠誠度……。

所以，在我們忙著開發各種中性或陽性或陰性概念商品，以及試圖不斷輪番運用各種中性或陽性或或陰性行銷時，不妨先煩惱有關對於品牌忠誠度淪喪的問題吧！

續集與campaignable

當電影《星際大戰》第二集在上演時，像我這種連第一集都沒看過的人，也清楚地知道有第二集的存在，可見得它的第一集有多成功！回想過去許多有續集的電影，相信大部分的人都跟我一樣有相同的「認知」：續集永遠比第一集難看。比如說《大白鯊》、《侏儸紀公園》、《不可能的任務》。它們成功之處在於故事核心的精采，因此，即使續集不如第一集精采，它們還是不斷有續集的推出。

在眾多續集電影中的箇中翹楚要算《〇〇七》、《蝙蝠俠》了。它們有一定的陳述模式，有固定的情節發展，即使每次的故事不同，角色不同，但仍舊是可推想而知的典型。雖然就我個人偏好而言，並不喜歡這種「可想而知」的續集電影，但這種續集電影的模式卻是品牌在發展系列廣告或「campaignable idea」時的最佳學習典範哪！

當然，三十到六十秒的廣告影片有其先天長度的限制，但兩個小時的電影結構結晶之後的巧思，卻仍可放進「以秒計費」的廣告中。

我們不妨從《〇〇七》這類善惡分明、黑白清楚的簡單電影中找尋可以學習的點子。我們可以把《〇〇七》當作品牌名來看，它有固定的配樂（你一聽就會知道），有固定的標誌（一個身著西裝手持手槍的男性剪影，由左至右以側面走向鏡頭中間，然後面向鏡頭瞄準。單是這兩件元素，就功德無量的把《〇〇七》建立成一個極容易辨識的品牌。

在配樂與標誌的聯手「campaign」之下，即使男主角換了，壞人換了，地點換了，陰謀換了，武器換了，女主角換了，全都換光了，但它還是〇〇七！很有意思吧！只要那首配樂響起，一個身著西裝手持手槍的男性剪影，由左至右出現……就是〇〇七電影！

再看看「蝙蝠俠」吧！它更簡單了！只要有打向天空的蝙蝠投影，就是「蝙蝠俠」電影，甚至連固定的配樂都不必存在啊！

今天，不只是行銷人員或代理商，甚至是消費者，大家幾乎都有了品牌概念（消費者也許說不出所以然，但絕對能辨識出來），因此，我們在操作品牌或打造品牌時，都會試圖為它找到或創造一個

「campaignable idea」。這個「campaignable idea」可能是一個概念，例如：變裝；可能是塑造一個固定人物，例如〇〇七、蝙蝠俠、大白鯊；可能是設定情節模式，例如：善惡對決；可能是一句 slogan，例如：I'll be back。

成千上萬種可能的組合或單一操作，就看行銷人員們的設定。

一但發展了一個「campaignable idea」之後，就必須花上一段時間與消費者溝通這個 idea，而且這個 idea 的強度要夠，才能幫助人們更快更清楚無誤地認識它。

另外，也是最重要的：在人們認識它後，千萬別隨意更動那個「campaignable idea」。尤其是不要因爲看到其它成功品牌的操作元素，就因爲一時喜好或一時擔心而貿然加入成爲自己的 idea 的一部份。想想看：〇〇七臉上帶著蝙蝠俠的面具、蝙蝠俠不斷跟惡霸放狠話說：「I'll be back」，大家還會執著於這些主角獨一無二的魅力嗎？

側想

龍華的桃花

在復古風的吹襲下，我也向母親借了許多民初時代的老歌來聽聽。小時候在家就跟著父母聽過周璇那獨特嗓音唱歌，但實在覺得嗓音怪異，年幼的我實在無法品味。沒想到，現在倒是在聽出了些味道。聽著聽著，周璇的「夜上海」、「拷紅」、「月圓花好」、「叮嚀」等等歌曲，在聽到了〈龍華的桃花一曲〉時，心中一動，覺得實在妙透了。

〈龍華的桃花〉歌詞是這樣的：「上海沒有花，大家到龍華，龍華的桃花也漲了價。你也買桃花，他也買桃花，龍華的桃花都搬了家。路不平，風又大，命薄的桃花斷送在車輪下；古磁瓶，紅木架，幸運的桃花都藏在闊人家。上海沒有花，大家到龍華，龍華的桃花都回不

了家，龍華的桃花……」

姑且不論這首歌詞在當時所要描述的是意有所指或另有所指，但我聽到了一個當年的「個案」。我聽到了「物以稀爲貴」、「價格調漲」、「鋪貨的問題」、「通路」、「消費者趕流行」、「一窩蜂」、還有「品牌」。

根據這首歌，首先發現到：不論是時尚或命理風水炒作，但掀起流行的極可能是「桃花」這個品類本身。而在桃花這個品類中，唯一造成指名購買的則可能只有「龍華」這個品牌，雖然我不知道龍華的桃花是因爲香氣或顏色或姿態獨樹一格？但我想那就像「葡式蛋塔」所標示的「葡式」道理一樣。

當時的運輸系統不發達、購物環境或店家不多，不僅「通路」有限、在「鋪貨」方面也有極大的困難。於是，上海的經銷商或零售業或大戶人家不僅一窩蜂趕去龍華下批貨，甚至親自載貨回上海來賣，但運輸的問題使得貨物在輸送過程中不斷損失：「路不平，風又大，命薄的桃花斷送在車輪下」，因而，二度造成龍華桃花的價格上揚。結

局當然是：「幸運的桃花都藏在闊人家」。

這首歌我私下極想把它接下去：我在猜想，如果當年運輸方式更發達、零售業也蓬勃，可能上海就會出現許多「龍華桃花分店」，然後，每家分店門口就會出現大排長龍的景象，然後公司行號或招待賓客時，都會出現龍華桃花。在一段風靡的時間之後，可能是有別的流行入侵取代龍華桃花熱潮；也可能只是單純的熱潮興頭退去……龍華分店一一休業改行。但是即使桃花熱潮不再，「龍華」這個品牌可能仍穩穩地佔據桃花品類的龍頭位置。當日後有人要買桃花時，仍然記得買桃花要買「龍華桃花」。

當年的龍華桃花必是靠口耳相傳、名人代言造成風潮，今天傳播業發達，能只靠「口碑」蓬勃生存的大概只剩算命與醫藥。不論時代，一個品牌能成爲該品類的代稱，在競爭激烈的今天看來，仍舊令人佩服。

側想

線索在哪裡

在眾多的推理小說中，我最喜歡的是英國女作家約瑟芬・鐵伊。她一生只寫過八本推理故事，但篇篇有意思。比如說，她在《時間的女兒》*(The Daughter of Time)* 中爲歷史事件翻案，在《萍小姐的主意》*(Miss Pym Disposes)*中爲女校學生的情緒或情結剖析。她的推理作品精采之處，在於她的思考都朝著細膩而人性的面向進行。

沒有固定模式。因此精采度驚人。

高明的行銷就像精采的推理過程，而約瑟芬・鐵伊的推理思考方式，則是最貼近人性細膩面、最貼近行銷的一種：在她的故事裡，沒有十惡不赦的壞人，沒有變態的極端需求，沒有深仇大恨，沒有不擇手段違背人性的大動作；她所描述的，都是直指人性本質中的小情、

小愛、小利、小錯、判斷偏差。

就像平凡安定的大多數消費者。

在《時間的女兒》中有一句話：「邪惡跟美一樣，只有有心人才看得見。」這句話清楚地提醒了我們：要把消費者變成有心人。

通常，在新商品上市設定目標消費群時，我們只是概括性地陳述他們的生活習慣、收入、年齡、教育水準、是否對我們將賣的商品關心。僅止於此。也許我們在做法上可以更積極一點：先把他們變成「有心人」。

爲了先拉攏消費者的注意力，教育性質的行銷方式便可以在正規戰開始前先行發生。消費者的注意力會放在哪裡，通常是可以被調整、被暗示、被教育的。讓消費者先變成「有心人」，我們的「美」與競爭者的「邪惡」，便會在消費者眼中一清二楚。

如果是已經存在市面上的品牌呢？

我們看看約瑟芬．鐵伊有沒有提供一些人性面的線索，讓我們作爲行銷上的警惕。

她在《萍小姐的主意》中說：「當一個好女人做了一個錯誤的決定，後果往往比壞女人犯的錯更糟。」

多精準！

一個健康成長的好品牌，比半死不活、病入膏肓的瀕死品牌更要愛惜羽毛！不是說健康的品牌就不能再做突破，而是要更清楚自己的方向跟強處，用強勢之處作戰，才能事半功倍朝著健康的方向突破。絕對不要目中無人地什麼都想要，既得罪了舊人又無法討好新人。

「好女人」（好品牌）雖然沒什麼特別偉大，但比起「壞女人」（壞品牌）而言，在社會成本（經營利益）上所需付出的代價，的確是不可相提並論的。

說到底，一切打動人的，終究是來自人性面的細節。

人性面有許多深藏不露，但確實存在的幽微之處。如果我們更仔細觀察、更深刻體味日常生活中的行爲舉止，便能從中發覺令人玩味的意含與背後企圖。

那便是讓行銷活動成功的線索。

行銷上的推理工作

不論推理小說的終極目的是什麼，在推理的過程中都有許多抽絲剝繭、發現線索、審視線索的流程值得我們一探究竟。而每個作者的思考模式都不同，可以提供我們學到的思考風格也更多樣。

福爾摩斯探案裡有一個故事，原名叫〈跳舞的人〉(The Dancing Men)。在故事一開始，福爾摩斯對華生說：「不論什麼案件，你應該先構成幾種推論，這並不是很困難的事，然後你再從第一層，推論到第二層，逐層的推想。那時你便能尋出幾個之前推論的交集和結論。」

福爾摩斯所說的關於推理的這一段話，極度類似我們做行銷上判斷時的流程。

只是，大部分的行銷人員並沒有「先構成幾種推論」。通常大家因爲經驗或其他因素，往往在前端思考初期、尚未落成文字化的策略時，便立即下定論，然後一頭栽進一個方向。這個方向可能是最不費力想到的，可能是習慣性的判斷，可能是比照前例或成功案例。不是

說這個方向不好，也不是不對，而是這就浪費了一個行銷的實驗樂趣與創新的可能。而行銷的魅力與樂趣就在於創新啊！

至於福爾摩斯說的，「然後你再從第一層，推論到第二層，逐層的推想。那時你便能尋出幾個之前推論的交集和結論」，恰好是在提醒我們，不論我們判斷策略的方式是根據研究的結果、還是大膽的推論，別忘了回頭看看當初設定的幾個可能方向，去找交集，而不是市場調查資料一到手就忘了長遠目標，立刻改弦易轍跟著調查報告走。調查報告是輔助工具，要會解讀與運用，別把它當成聖經膜拜。別忘了！市場調查是行銷人員與消費者的加入共同創造出來參考值的。

最高明的行銷人員並不是偵探，而是像偵探故事的作者。這個作者會佈局、鋪陳、安排事件的發生、決定相關涉案人、製造好奇心、並安排一個偵探穿梭期間帶領大家思考的方向，然後在恰如其分的時間內，巧妙公佈答案。

成功的行銷結果就是：目前仍有人到倫敦貝克街上找二二一號B座，拜訪福爾摩斯之家。

百分之五十的機會

當我聽見氣象報告說：「明天的降雨機率是五〇%」的時候，我就覺得這句話充滿了哲學上的意涵，並且揭示了人生的眞相。

什麼叫五〇%？

五〇%就是一半，就是二分之一，就是不到五一%、但是又多於四九%的意思。所以每一次當我聽見：「明天的降雨機率是五〇%」就不免啞然失笑。氣象預報員的意思當然很清楚：下雨或不下雨的機率是一半一半。但是，那不是等於沒說嘛？因爲，天氣本來就是這樣啊，不是有下雨，就是沒下雨。

可是，有意思的是，如果氣象預報員說明天降雨機率是六〇%，就讓你覺得一定會下雨。反之亦然。

但是，事實是：不論降雨機率是一%或九〇%，它不是有下雨，就是沒下雨。

人生也是，買賣交易也是。

讓我們假想一下吧：下午三點，你覺得有點餓，走出辦公大樓，想吃點什麼。

左轉是7—11，右轉是萊爾富，直走是全家，它們各有三分之一，也就是三三．三三三三%的機會被你挑中走進去。然而，右邊停滿了機車不好走，直走又會曬到正午的太陽，而正午的紫外線太強，會造成皮膚癌，所以，你便決定右轉走向7—11。

你走進7—11，聞到茶葉蛋的香味，你心想光吃茶葉蛋不夠，再配點什麼喝的好了！

你走向冰櫃，裡面放滿各式各樣的飲料：水、果汁、咖啡、茶、運動飲料、加味水、調味乳、鮮乳、果菜汁等等，每個品類可能各有十分之一到二十分之一，也就是百分之十到百分之五的機會被你挑中。

你決定喝果汁類。果菜汁、鮮果汁、純果汁……你一眼望去發現：有百分之百純果汁、有百分之百還原果汁、有含新鮮果汁至少五%的稀釋果汁、有新鮮果汁九〇%的幾乎新鮮果汁……

你心想，純果汁比較健康，於是你在純果汁的冰櫃前掃描，此時你聽過的品牌名字們、以及你有殘留印象的廣告們，像你的一生閃過眼前那樣被你過濾一次、其中還不斷插播著擺在你面前的，你個人覺得很醜或看起來還不錯但你個人不喜歡的包裝……。

你準備伸手拿葡萄柚汁，因爲你喜歡那個廣告的女主角的笑容。但這時候，店內正在播放另一個男歌手談失戀的新歌，你轉身拿了歌詞中提到的蘋果汁。但你瞄到旁邊有個吊牌寫著：「特價商品。加量不加價。」你便拋棄了男歌手而準備拿蕃茄汁。

此時，你的手機響了。你縮回準備拿飲料的手接電話，你邊講電話邊轉身讓冰櫃的門關上。

講著電話的你，雙腳無意識地走動、眼睛隨意地在貨架上飄動，你看到蘇打餅乾，夾心餅乾……

雙腳帶領你停在泡麵前，來一客、大乾麵、WAGAWAWA……此時你講完電話，順手拿了一碗炸醬麵去結帳。

我們來看看當下午三點的某種商機：「非正餐的飢餓感」出現

如果我們能在替代性高的商品身上，創造某種替代性低的內涵與外顯意義，這時便有可能在「不是有買，就是沒買」的50%中多拿到一點機會。

時，在公關、廣告、包裝、產品力、健康（新聞）資訊、價格……之外，我們還能做什麼？

把替代性高的產品跟流行歌結合，使得芭樂汁成為治療失戀心絞痛的流行秘方、消化餅乾變成幫助消化不良戀情的營養品、茶葉蛋變成現代相思豆。這是一種方式。

但是，如果我們能在替代性高的商品身上，創造某種替代性低的內涵與外顯意義時，便有可能在「不是有買，就是沒買」的五〇%中多拿到一點機會。

至於如何辦到？有五〇%的機率我下次會聊到。

狂想

養生飲料與靈修飲料

入冬之前，各式各樣的補品，不論是補氣、補身或補生，早已紛紛上市，爲成爲搭配冬天的主要配件而做好了準備。

走在街頭上便能看到許多「羊肉爐」、「藥燉排骨」、「麻油雞」、「當歸鴨」等醒目的店招，不斷飄散的氤氳熱氣，恰如其分地烘托著傳統風味的食補料理。每種可食用的肉類，幾乎都在中國老祖先的漢方調裡下充分入味，甚至分門別類地以不同部位、搭配不同藥材，以期發揮不同療效，一絲一毫也不浪費地克盡滋補炎黃子孫的責任。

這些是走傳統路線的。

爲什麼這麼說呢？因爲街頭上的這類店家仍然是以現煮現做的形式，提供顧客新鮮熱騰的正餐式料理，上門享用的客人們可以立即品

嚐到廚師們當場展現的手藝，可以欣賞到一道一道菜餚的主角與配料，可以聞到複雜豐富，但對其氣味的喜惡因人而異的中藥材味。人來人往的熱鬧與老闆的招呼詢問，無意間增加許多「補」的意味與氣氛。

雖然每年冬天一樣會來，但時代不同了，「補」的方式與形式也不同了。

現在有很多時候，你根本看不到爲你「補」身體的內容。因爲它們都在高生化科技的操作下結晶成爲隨時可飲用的包裝補品了，而且，再也不是熱騰騰的了。剛開始，乍見「四物雞精」的字眼搭著玻璃瓶帶來的精緻感與涼手的溫度時，有點不習慣，但這些先進的補品讓人們享受到常溫之下就可以「補」的便利。它們儼然成爲某一種日常營養飲料或補充劑。

最常見到的，是各式各樣的雞精，當歸雞精、四物雞精、冬蟲夏草。除此之外還有一些像紅棗桂圓茶、銀耳蓮子湯……這類傳統甜品。這些也成爲隨時可得的冰品。

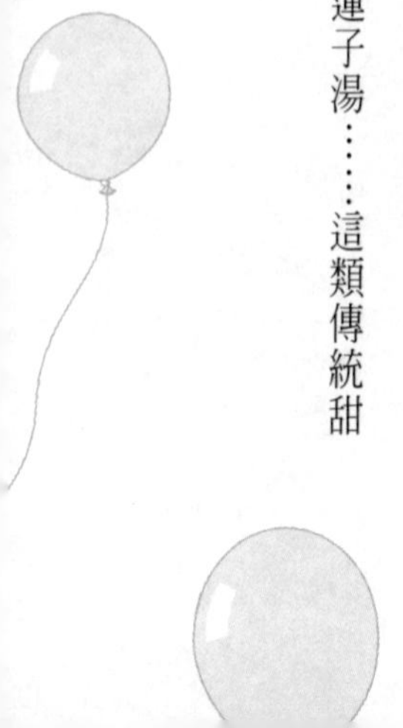

養生食品與養身食品已成爲四季補了。

但在養身與養生之外，也許還有一種另類的「補」，可以有機會發展成爲新商品。

「養神飲料」。

「養神」，它的概念有點像一種「道德飲料」。它要標榜的功能是：可以有效排除或減輕道德上的污點。

我們可以先進行消費者調查，比如說：說謊、沒有公德心、作弊、拍馬屁、抄襲、偷竊、欺騙、忌妒、傳謠言、懶惰、逃避、不負責、罵髒話、隨地大小便、不讓座給老弱婦孺、苛薄、官僚……。哪些是消費者最在乎的、最不想被發現的道德小污點？（當然只針對「小污點」！別對十幾、二十元的飲料期待過高，若有道德大污點，本產品無效。）

另外「口味」的名稱很重要，我們可以針對消費者調查的結果來研發分類，但千萬不能太過赤裸裸的說明該「污點」，所以千萬不能用「拍馬屁」、「自以爲是」、「大嘴巴」、「不負責」、「官僚」等爲口味

別。至於，將污點轉成正面優點的命名方向，也必須謹愼思考其可行性，你想想，當你手上拿著「誠實」、「正直」、「勇氣」……時，它代表的是你需要「誠實」、「正直」、「勇氣」？還是你「不誠實」、「不正直」、「沒勇氣」？所以，一定要再謹愼想想。

養神飲料的方子也很重要，要先從老祖宗的藥方或民間的秘方之中，針對大多數消費者最有「興趣」的道德小污點，加以綜合、研究、提煉。舉例來說吧，治「苛薄」的，要多點辛辣味；治嫉妒的，要多點酸味；治官僚的，則是裝過期的產品，雖然不能喝，但不准退。

看看現在這個時代，如果眞的推出「養神飲料」一定會成爲暢銷商品（雖然它的屬性讓人不好意思把它歸類爲「大受歡迎」），因爲啊，誠實地說，我們每個人都有好多無傷大雅的道德小污點！你能否認嗎？如果你否認，你就需要來一瓶了！

側想

蕭伯納與有思想的蘋果

英國劇作家蕭伯納說過：「如果你有一個蘋果，我也有一個蘋果，然後我們交換這些蘋果，那麼你跟我還是各有一個蘋果；但是，如果你有一種思想，我也有一種思想，我們交流這些思想，那麼我們每個人將有兩種思想。」

□

我發現，蕭伯納這句話的前半段，也就是蘋果換蘋果的這部分，點明了交易的本質跟表象；而在後半段提到的思想換思想的部分，則點明了交易行爲中產生一加一大於二的可能性。

怎麼說呢？

我們先看看前半段。

首先，你必須有貨，才能跟其他人發展交易行爲。而在這個交易行爲中，對方也必須用你認爲等值的東西來跟你交換，例如蘋果換蘋果。

以物易物是交易的本質，但等值與否的價值觀則是一種表象上的認定——彼此自由心證，依照己方的需要強度來認定其價值高低——也就是說，能達成進行交易的共識即可。

這是基本的交易定義，一種簡略的交易行爲。

□

但蕭伯納那段話的後半段，則帶領我們進入了當代的、更高明的交易行爲。那句話點明了：交易內容若超越實體內容（蕭伯納所說的思想），則會有意想不到的、一加一大於二的獲利。

簡單地說，你必須不只是擁有貨物本身，你的貨還要「有料」。這個「有料」可能是品牌主張，或者包裝，或是氣氛，或是一種前所未

有的品類訴求、創新的生活需要。

因爲交易的內容不只是貨物，還加上了一些「思想」，所以賣方可以因爲有了個附加的但「看不見」的東西而提高價格。

而買方也會覺得所買到的東西不只有貨物，還有附加價值，因而願意付出高價——甚至願意因爲產品的獨特的「附加價值」而放棄其他低價格的同類商品，願意付出遠超過貨物本身實質價格的費用買你的產品。

也許你也想到了，蕭伯納的話中所提到的「你」、「我」，其實就是無時無刻不斷發生交易行爲的買賣雙方——廠商與消費者。

當廠商只販賣「蘋果」時，廠商其實是在跟每一個賣蘋果的廠商競爭，而消費者則是挑蘋果好壞或價位高低而已。

但是當廠商提供的是「有思想的蘋果」時，這家有思想的廠商就不必再跟每一個蘋果商競爭了，因爲他的產品是獨一無二的，根本沒有競爭對手；因爲對消費者而言，在眾多蘋果中，有標籤的蘋果會立刻被看見。

更重要的是，當蘋果不只是蘋果的時候，蘋果的價值就不只是蘋果的價值，蘋果的價格也就不只是蘋果的價值了。

不只是產品本身，買賣交易也應該有思想，當賣方的銷售行爲多了點思想時，就叫做行銷；當買方的付款行爲有了思想時，就叫消費(而非花錢或浪費)。

□

再讀一遍蕭伯納的話：

「如果你有一個蘋果，我也有一個蘋果，然後我們交換這些蘋果，那麼你跟我還是各有一個蘋果；但是，如果你有一種思想，我也有一種思想，我們交流這些思想，那麼我們每個人將有兩種思想。」

正常關係與非正常關係

說到品牌與消費者的愛情

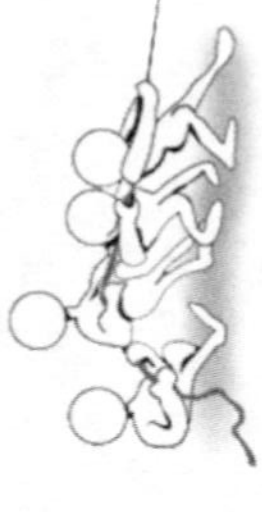

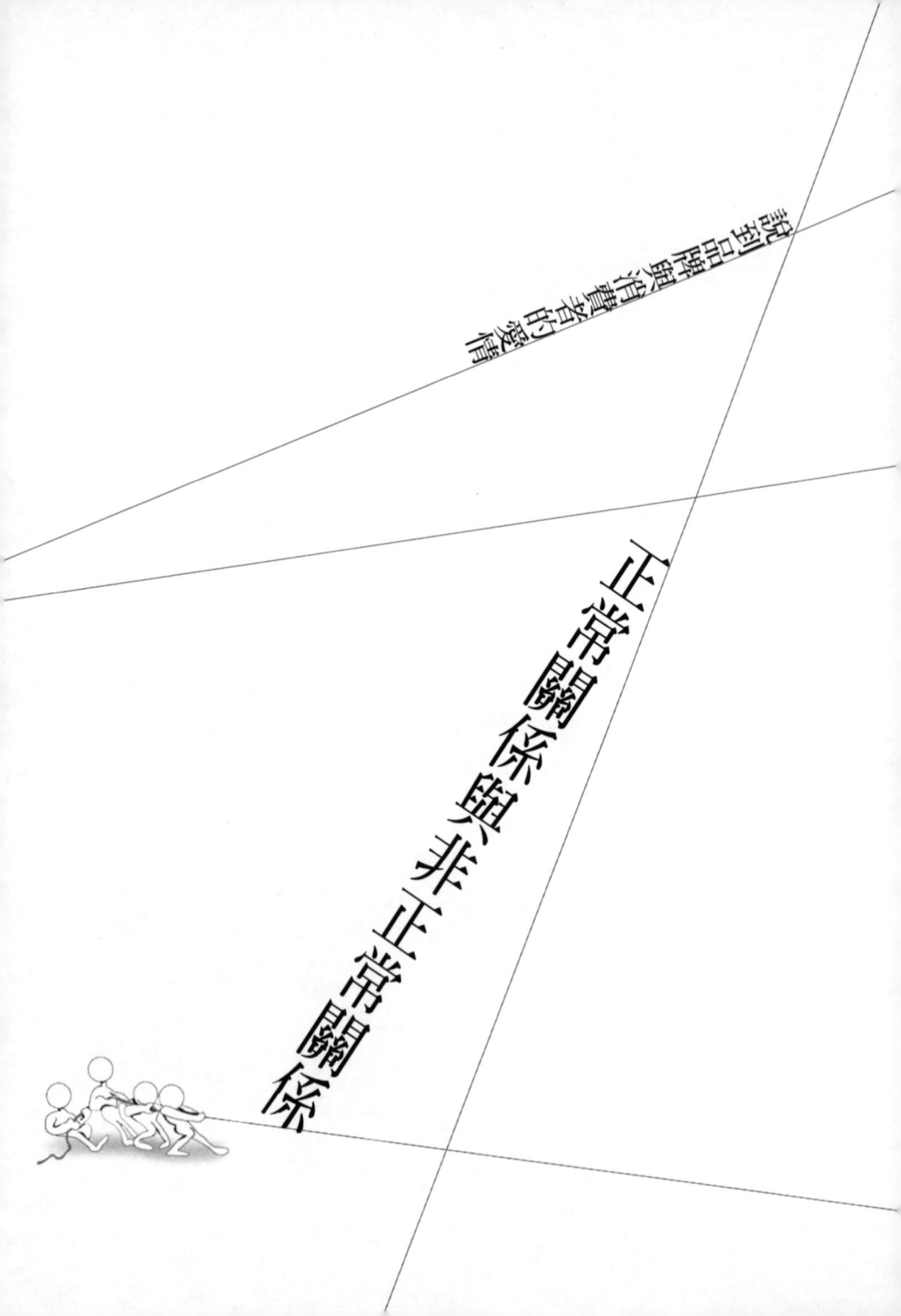

所有的廣告主與代理商，都知道消費者的影響力有多大。因此，總是想盡辦法迫不及待去聽聽消費者在想什麼？到底要什麼？

但是，這些專業人士中的部分人士，往往不是在傾聽消費者的心聲，而是在逼問或盤問消費者，因此盤問出來的答案往往不一定是一般人在正常狀態下會有的反應。

比如說，有些品類的商品或廣告在上市前，會先舉辦一些消費者座談或測試，想看看被關在聲光溫度控制良好的實驗室中的消費者，在集體的、專注的、有陌生環境壓力的、過於正式的、看似無旁騖的、非現實的環境中，對於商品或廣告的看法。

於是，一群一群分門別類的目標消費群被強迫試用商品、被強迫收看廣告、被強迫思考廣告、被強迫試試看改寫廣告、被強迫比較中文造詣，例如：「舒爽」跟「乾爽」哪個比較清爽？「柔」與「軟」哪個比較柔軟？「舒適」與「舒服」哪個比較不會不舒服？「醺」與「茫」哪個比較醉？……還有逼消費者回答近乎是色盲與否的問題：你喜歡深藍色還是淺藍色？為什麼？你覺得紅底黑字，白底藍字，灰底綠字哪個

好？為什麼？

難道代理商中的專業人士與廣告主們無法判斷「舒爽」、「柔軟」這些中文字的意義？

難道廣告主不信任代理商有辦法創造出具銷售力量的美學與觀點？

難道沒有人敢為這個品牌說出屬於這個品牌的意見？

難道一定要人云亦云才有安全感？

尊重消費者意見的方式有很多種，不是只有「乖乖聽話」而已。提供前所未有的想法，或是示範出不依照常軌思考的生活模式給消費者，也許是更尊重消費者的方法。

消費者雖然喜歡循規蹈矩的模範生型的乖乖品牌，但最愛的，印象最深刻的還是能夠令他們驚喜、擴展他們視野、把他們當成特別的人來看待的品牌。

沒有人喜歡被當成不知長進的笨蛋，沒有人喜歡靠近把他當成沒有判斷力的白痴的品牌，而最可悲的是：當你的消費者已經成長了、進步了，你的品牌還毫不自覺地原地踏步，並且持續地大肆喧嘩、大聲張揚

自己的不知長進。

消費者就像你的家人、朋友、另一半，喜歡你體貼地猜到他們心裡的想法，但更喜歡你出奇不意地送上他們壓根兒沒想到，而竟然可以得到的東西（有時候，那可能僅僅只是一種令人感動的感覺而非實體的禮物）。所以你得懂得為不同年齡層的成人、未成年的半成人或孩童量身訂做不同的對待方式，在恰當的時機，交互運用理性與感性達到情感上緊密連結的親密度。

要抓住消費者的心，要擁有消費者的忠誠，絕對不在於對他們言聽計從，而在於：別出心裁。

所以，要懂得傾聽消費者說出的話背後的意思，要懂得察覺沒說出來的部份，要懂得滿意的原因是什麼？也許滿意的原因是：他對你不抱希望，或是根本不在乎。

切記：做一個讓消費者聽話的品牌；而不是做一個聽消費者的話的品牌。

期望值與失望值

換季拍賣或是出清存貨時，廠商常常用許多誇張的形容詞來描述拍賣的物件。有時候拍賣的項目眞的是精品，但大部分的拍賣活動所提供的商品都是賣不出去、剩下的存貨。

消費者到了現場不免失望。但似乎廠商都覺得，誇大其實是一種無傷大雅的吸引顧客的慣常手段，沒有什麼關係。但這正是失去消費者信任感的最快方法——提供期望，再令他失望。

期望越大，失望越大。眞是一句描述行銷之於消費者之間，關於刺激與反應的至理名言。

我們可以看到很多類似的失敗案例，比如說：誇大的廣告。當然你可以說那叫做「極具戲劇化的手法」，但只要那「極具戲劇化的手法」讓消費者信以爲眞了，那就算是欺騙。還有一種失敗案例是來自於價格的定位：廠商爲了擴大商品線，擴大消費群，便將同類商品以高價格與低價格來做市場區隔，原意是希望高價位商品能創造高品質的形

多付出五塊錢的心理，很微妙，但也很紮實，
消費者一定要能看到、嚐到或感受到這五塊錢的根據。

象，以吸引另一群具高消費力的族群來購買，這樣不僅能多賺取利潤，多佔據市場，也不會瓜分掉原來低價位的客群。這原本是相當聰明的佔領市場策略，但是，往往我們發現，有時候，高價位商品與低價位商品根本是同一階級的商品，其間的差別可能只在微不足道之處如產品的顏色，或是表面上的（贈品，包裝，口味，面板），或其他可有可無之處。

消費者發現之後的失望可想而知。

失望的消費者若只是放棄高價位商品，選擇回頭去買低價位商品，那廠商的下場還算好，若是消費者從此將這個品牌打入不實品牌的黑名單之列，那就無可挽回了。

這種提高消費者期望又把消費者推入谷底的事情，不是只會發生在高價位的商品如冷氣、電腦、手機身上，即使是一杯飲料也有期望值與失望值的落差。

同類商品，多五元或少五元，乍看只是五塊錢新台幣的差別，但是在消費者的預期心理下，要他心甘情願多掏出這五塊錢，絕對必須

讓他認知到「五塊錢」有其存在價值，不論是口味、容量、包裝、贈品、氛圍、訴求、主張……。

多付出五塊錢的心理，很微妙，但也很紮實，消費者一定要能看到、嚐到或感受到這五塊錢的根據，如果商品無法實踐對消費者的許諾，讓消費者的期望變成失望，那這中間的落差，所造成的後遺症，足以讓消費者對商品絕望。所以，即使只是五塊錢，這五塊錢的心理因素還是必須被照顧到、必須被實現的。

商品所販賣的，所提供的不外是一種夢想、一種期望，有時候是實際的，能真正改善生活的，具有不可替代的功能性的；有時候則純粹是心靈上的，情感層面的，而這完全由消費者自由心證來決定。

不論商品所承諾的是哪一種期望，請記住：期望越高，失望越大，請謹慎訂定價格策略。

側想

心腹與心腹大患

只有心腹，才會變成心腹大患。

這跟行銷上的一個現象非常相像。

創造產品的銷售量是銷售的唯一目的，但是有很多廠商為了追求帳面上驚人成長的銷售數字，不擇手段，因而造成無可挽回的挫敗。

舉個例子來說吧！有些廠商不顧階段性行銷計劃，不管品牌主張與形象，不斷以促銷（SP）方式來炒作話題，企圖促進銷售，這些促銷方式包括：降價、贈品、抽獎、買XX送XX。這些能夠在短期之內造成銷售量佳績的做法，乍看之下的確是銷售良方，但絕對不能持續使用。

一次成功的促銷活動除了造成短期的銷售量之外，更大的意義應

該在於利用活動提高知名度，並且鼓勵消費者嘗試該品牌產品。

偶爾舉辦的促銷能提醒消費者該品牌的存在，並且能創造出懂得回饋消費者的良好形象。但是一個一年到頭經常辦贈品活動辦降價活動的品牌，卻會留給消費者該品牌「不値錢」的形象。

這就是剛剛所說的「心腹變成心腹大患」。

剛開始的促銷活動，是創造銷售的「心腹」，一旦不顧品牌形象，不顧行銷策略，隨意搭配活動辦促銷。不要幾次，促銷活動就會變成降低銷售量的「心腹大患」。

因爲，消費者習慣了降價這類的促銷活動之後，絕對不會在沒有促銷活動的期間購買該品牌商品。消費者佔便宜佔成習慣了，反而覺得正常售價是不合理的，所以非得等到折扣才肯購買。

創造銷售量的方式很多，但是最重要的還是來自品牌價値。讓消費者認定品牌價値，他們便會心甘情願地付賬買單。千萬不要爲了貪一時的利潤，而用取巧的伎倆。因爲這些伎倆將會成爲品牌的心腹大患。

側想

品牌的本質與喬裝

我在開羅旅行時聽過一個當地人說的笑話：

有一天，一個下埃及人想要去上埃及人開的店裏買冰箱，下埃及人知道上埃及人決不會賣東西給下埃及人，所以這個下埃及人決定喬裝一下，讓上埃及人認不出來。

於是，這個下埃及人戴上假髮換上西裝，裝成西方人，他走到上埃及人的店裡，指著冰箱說：「我要買這個電冰箱。」

上埃及人說：「我不賣東西給下埃及人。」

下埃及人沒想到一下子就被認出來了，只好立刻回家再重新喬裝。他戴上金髮，在臉上抹粉化妝，穿上洋裝，喬裝成西方女人，他再走到上埃及人的店裏，指著冰箱說：「我要買這個電冰箱。」

上埃及人說：「我不賣東西給下埃及人。」

下埃及人聽了，一臉驚訝的問：「爲什麼不管我裝成什麼樣子，你都知道我是下埃及人？」

上埃及人說：「因爲那是電視機，不是電冰箱。」

我聽這個笑話時的身分是外來的觀光客，所以聽到的是不帶惡意的幽默。借用它來觀察行銷世界，發現市面有些品牌正在做著下埃及人做的事情。當然，笑話中的上埃及人在現實生活中變成了消費者。

已經存在市場上的品牌當然是可以被修正的，但那必須從內在本質做起，而且成功的代價很大（除非是個名不見經傳的牌子，那又另當別論），突然脫離該品牌原來的個性，便等於輸入了另一個品牌形象到消費者腦海裏。消費者只會覺得困惑，但不會被騙，雖然廠商聽不到消費者當面說：「因爲那是電視機，不是電冰箱。」

品牌的養成路上，手法可以豐富，但不要因爲貪心，把品牌搞得像個精神分裂的四不像。請記住：品牌，雖然是屬於廠商的，但是品牌形象，是屬於消費大眾的。

理性與感性

「理性或感性？that is the question。」

這並不是看了李安改編自世界名著的電影之後才有感而發的，也不是刻意借用莎士比亞的哈姆雷特來說話。

事情是這樣的：我老媽要換車，因此我便陪她去路上的經銷點看車。經銷點的銷售員，幾乎每一個都展現出熱情、專業的一面，個個口若懸河，滔滔不絕地將所有的性能、配備、最新組合……天花亂墜一番。他們講得認眞，但對於我這個完全不會開車的大外行來講，可是聽得一頭霧水。

面對所有專業的、不容挑戰的字眼，我忍不住開始詢問了：「配備XX的目的是？」「什麼是OOO？」「如果沒有YY的話，會怎樣？」「爲什麼你們的AAA比別人的BBB好？」……

我一連串的問題，得到以下的答案：「比較安全」「加速比較快」「起步比較順」「比較炫啦！」「沒有也沒關係啦！」

嗯！理性或感性？that is the question。

我們都希望有專業的銷售人員來爲我們服務，但是我想消費者在乎「新體驗」會大於在乎「新功能」。雖然「新功能」等同於「新體驗」，兩者互爲因果。

有時候，「新功能」本身聽起來就很酷，但有時候，新功能反而是一種感受上的障礙。我記得那個銷售員神情興奮地說：「這個XX裝置可以縮短車子瞬間加速的時間。」

其實我心裡覺得很抱歉，我和我媽都是無法理解車子專有名詞的外行人，因此，對於他的精采解釋並沒有表現出「瞬間加速」的興奮。

但不能怪我們這兩個無知的消費者，我們本來就沒有義務要像廠商一樣精通專有名詞、了解運作過程。我們只是要買量適合我們的車，我們只想知道那輛車可以提供的「利益」是什麼？而不是我花的錢買了一個神奇的「專有名詞」。

我身邊許多朋友都對車極有興趣，因此對各廠牌的車都很有研

究，所有專有名詞也能琅琅上口，隨時都能展現懂車的內行面；還有另一種朋友，不懂車，但言談間喜歡帶幾句專有名詞唬人。

我想這都是專業雜誌及專業銷售員的功勞——督促消費者學習。

但我最大的感想還是落在「功能與體驗」這方面的訴求抉擇上。但其實這沒有一定的模式，因爲有時候，艱澀難懂的名詞搭配消費者利益，會聯手創造出意想不到的魅力；但若是只有艱澀難懂的功能名詞，則絕對無法打動人心。

就像某個止痛藥說：「不含阿斯匹靈，不傷胃。」若只說明不含阿斯匹靈，可能消費者只收到「不含阿斯匹靈」，無法連結到「不傷胃」；但若只說「不傷胃」又導致懷疑它可能會傷胃。但是當「不含阿斯匹靈，不傷胃。」一起說明時，反而有種專業的可信度產生，甚至整句都成爲人盡皆知的專有名詞。

到底我們手中的產品該訴諸理性或感性？ that is the question。而且是值得深思的好問題。

□

扯遠一點，從一則新聞再談談理性與感性的問題。

新聞報導說，紐約有一家「奧斯卡懷德書店」倒閉了。爲什麼遠在紐約的一家書店倒閉會上世界新聞？因爲在以前那個對同性戀持反對排擠態度的保守年代裡，這家書店以專賣同性戀書籍而聲名大噪。

隨著時代進步，同性戀運動有了成效，而人類對彼此也有了寬容尊重的進步。這家曾經那麼勇敢而獨特的書店，卻因爲它所支持的同性戀活動有了某種開放成效，進而促成每一家普通書店都販賣同性戀議題的書，這使得它不再獨特了。除了具有開創性的歷史地位之外，它不再具市場價值。

拋開奧斯卡懷德書店的歷史地位，我們只從行銷觀察的角度來看這件事，學到許多東西。

奧斯卡懷德書店的獨特銷售點（USP）使它一夕成名，卻也使它走向末路。從人本角度來看奧斯卡懷德書店，令人百感交集。從開發新市

場的角度來看，則讓人覺得情何以堪。

首先，在今日，具備獨特銷售點的商品大多是高科技產品，但由於科技實在進步迅速，因此除非有專利年限的保障，例如NIKE的氣墊，否則這類高科技產品的獨特銷售點會在最短時間內被競爭者迎頭趕上，變得不再獨特。但是，根據「先講先贏」的人類思想慣性，所以在傳播上還是會有人直接把它拿出來當作訴求，搶佔先機。

可是，這樣的先講先贏可以贏多久呢？

假如那是眾所皆有的共同點，先講先贏應該只是短期策略性的運用，它只是某類領先者形象的植入方法之一，不應該是長期不變的訴求。

一個能成功的品牌，一定有ＵＳＰ，產品的功能是屬於理性的ＵＳＰ，通常可以輕易被取代。但是如果是感情面的ＵＳＰ，就不同了！一個品牌所提供的情感面如果與消費者「來電」，是會讓消費者忠心耿耿終身不渝的。

所以，假設你開發出一個新品類，決定打開一個新市場，必須要

產品的功能是屬於理性的USP，通常可以輕易被取代。
但如果是感情面的USP，情況就不同了！

有心理準備將會面對許多跟你搶市場的後繼者，許多投機份子正打算等你對消費者完成了教育之後，輕鬆抄襲你的作爲，企圖不花太大力氣便接手你的市場。但你別擔心，因爲你是領先者，因此你佔優勢，遊戲規則全由你來訂；消費者會先跟你玩，等到玩膩了或發現不好玩才離開。只要你的遊戲對了，消費者不會那麼容易轉檯的。

你可以先以新品類（可能是功能面的USP）做訴求，進入消費者的心裡，邀請他們跟你玩這個全新的遊戲，但接下來你一定要以品牌所能提供的感性面來緊抓住消費者。一方面在產品力或更多樣的選擇性上做發展，一方面持續告訴她：只有跟你玩遊戲，才會一直有層出不窮的樂趣。

市場佔有率是一場持續戰，既是攻防戰也是保衛戰。多用情感面的USP來強化與消費者的親密度吧！

到底我們手中的產品何時該訴諸理性何時該訴諸感性?·tthat is the question。而且是值得深思的好問題。

絕對論與相對論

談到與消費者的關係，一定要請愛因斯坦出來聊聊。

絕對論：以不動的物體作基準測量，所得的速度爲「絕對速度」

相對論：如果雙方均在運動狀態下，測量所得的速度爲「相對速度」

愛因斯坦的理論簡單說是這樣的：假設兩輛火車以時速五十公里相向行駛，就會感覺到彼此是以一百公里的時速擦身而過。

這就像商品與消費者的關係！

商品，就像一列不斷加速前進衝向消費者的火車。消費者是另一輛火車。它可能與你迎面而來，可能只是停靠在月台邊絲毫不動，也可能朝向它自己的方向前進，根本沒注意到有其他火車進站或離開。

商品賣或不賣，答案就在這裡。

做到讓你的產品不但能滿足消費者基本的生理需求，
還能提供他心理上的好感，
把消費者變成一輛與商品迎面而來的火車，
與你的商品進入「相對論」狀態。

若只以滿足消費者生理需求而言，消費者就是停駛的火車，你必須全力衝刺想辦法快速接近它，因為它並不會面對你的存在與你相向而行，它根本不會主動接近你。

但是，如果，除了能滿足消費者基本的生理需求外，還能提供心理上的好感，消費者就會變成一輛與商品迎面而來的火車，若再加上商品火車全力朝向消費者衝刺，不僅將使兩者相遇的時間縮短，甚至還能比其他同類商品火車節省許多的消耗或投資。

記住：想辦法使你的產品進入與消費群的「相對論」狀態：創造品牌與消費者之間情感上的連結，越強烈越穩固越好。

再記住：避免商品淪落到「絕對論」的狀況，那會累死你也會氣死你。

行銷的聲音理論

根據我們自身的開會經驗顯示：不是聲音最大的就會贏，不是最有道理的一定贏，而不說話的，就等於沒有參加會議，等於不存在。

這種會議情況也天天發生在我們的生活中：所有產品一齊搶著跟消費者說話，想著引起消費者的注意。

到底該如何對消費者說話才能讓他們願意聽，而且聽進去？

先來看看說話的「聲音」吧！

聲音三要素：大小、高低、音色。

第一，大小：說話音量的大小。

通常，**聲音要夠大，對方才聽得到**。當然前提是，你得先進入會議（立體或平面等廣告時段）中，佔據一個說話的時間。

有時候，爲了戲劇性效果，**你可以選擇「沉默」**，例如，在眾多喧鬧吵雜的廣告中，放棄對白，運用字幕，這反而有一種不容忽視的穿透力量。

第二，高低：用高音或低音或中音？

音域的接受度各有各的溝通目標群。也許你以爲曲高和寡，因此決不可「曲高」，那就錯了！「曲高」應該是一種策略。通常，高單價，或展現消費能力，或突顯另類風格的商品，例如汽車、香水、進口酒類，便是以曲高（可能是看不懂，可能是標榜不可能的夢想），引人注目，造成話題。而所謂的「和寡」，當然不能跟飲料、零食的銷售量相比，但它的單一利潤卻值得以曲高來引起共鳴。

重點在於：**要用正確的聲音頻率跟正確的人說話**，他聽得進去，你也說得輕鬆。

第三，音色：**要有獨特的音色**，一開口就能讓人輕易辨識。就像某些家喻戶曉歌手的獨特嗓音，如：鄧麗君的聲音。

消費者對於品牌幾乎是完全沒有忠貞觀念的——誰對他好、誰感動他、他就選擇跟誰跑……直到出現下一個更好的。所以一定要對著她說出打動她的話，不論是令人驚喜或啓發人心或心嚮往之。

否則，說再多，也只是噪音罷了。

側想

品牌拼圖

品牌的操作就像拼圖。差異只在於，這些一片一片散落四處的行銷拼圖是被事先安排好了的：讓消費者在電視上能看見這一片，在店頭海報上會看見那一片，在包裝上會看見另一片，在試用會上找到一片，在公關訊息中發現某一片……而這些就是幫助消費者完成品牌全像的工具。因此，每一片拼圖的設計都必須承擔累積品牌全像的任務，與繼續搜尋的樂趣。

製作拼圖必須掌控一個大原則：品牌拼圖是爲了品牌而存在，絕不是爲了獨立拼圖片存在。獨立存在的拼圖片是不具任何價值的，每一片拼圖必須放棄本位主義，以完成品牌全像爲終極目的。

任何一片拼圖都必須具備與品牌的正相關性，不論顏色或調性、

影像、體積、價位，而爲了增加品牌拼圖的趣味性，你可以將這些正相關的拼圖片以暗示性的手法，或是顯而易見性的關聯度，來幫助消費者進行拼圖。

第二個要確認的是拼圖片的數目夠不夠完成品牌全像？如果片數太少，消費者再怎麼拼也不可能看到品牌全貌。這永遠沒有結果的遊戲，既浪費資源也冒犯了消費者的期待與信任。

第三個要確認的是：消費者在拼圖的過程中會不會發生找不到那「失落的一片」？「失落的一片」通常是完成拼圖最重要的一片，這一片可能是佔最大面積的主畫面，也可能只是一小片，但少了它等於少了核心。造成這類品牌拼圖慘劇的原因，也許是事先沒有規劃清楚或是單片拼圖的本位主義太強，各種狀況都有可能。

所以，當行銷人員在消費者面前灑出這些品牌拼圖之前，必須先想清楚品牌拼圖的難度，數目，調性，最大的那一塊拼圖要放在哪個管道上，如何能讓消費者最快找到最核心的那一片。

然後，請消費者好好享受拼圖樂趣。

成人的不成熟行銷

每個人都是兒童。

看見你最喜愛的食物端上桌時，你開心的感覺跟五歲小孩沒兩樣，即使你已經七十歲，而且可能牙都掉得差不多了；穿上一雙漂亮的高跟鞋，你會神氣得像第一天穿制服上小學一樣，即使現在你已經三十歲而且常穿新鞋；被眾人稱讚你很有品味時，雖然表情神態上沉著自信，但心底的得意可能像剛打贏一場架的小孩子一樣，即使你已經是個四十出頭身經百戰的高級主管。

不論幾歲，我們每個人的體內都藏著一個兒童。只要有辦法打動他，他就會出來玩耍。

但「兒童」這個部分是我們在做目標市場描述或區隔時，很少或幾乎不被重視的部分。因爲體內的兒童是看不見的，這個兒童的存在是以潛意識或記憶的方式活著，除了用來追憶或懷念之外，這個兒童被視爲不存在，或從未想過他「仍然」存在。頂多，只有在交談中，

每個有心理負擔、有經濟壓力的大人，
心中都有個不想承擔現實的小孩在蠢蠢欲動。
這些不景氣時代的「內在小孩」，
比經濟繁榮時代的「內在小孩」更需要被安撫。

口頭上讚揚某人一句有「赤子之心」時，才會在眼前閃過我們心底那個玩紙娃娃、竹蜻蜓、跳房子、打彈珠、殺刀的自己。

這是現實世界教導出來的淘汰法則：如果不被判斷爲具消費力、影響力，「兒童面」就永遠不被看見。所以每個人都自然而然地淘汰或隱藏自己的「兒童面」。

因爲不被市場需要，所以不被看見。（世界就是這麼現實！沒有市場價值的人等於不存在。）

但是，如果我們能夠用另一種角度來看「沒有市場」這件事，所謂的「沒有市場」，可能會被修正爲「未開發市場」或「待開發市場」。

先回到那個「看不到的兒童」身上吧！

在不景氣的時候，每個有心理負擔、有經濟壓力的「大人」，都能隱約地感到他們心中那個不必承擔現實、可以耍賴冒險、可以一走了之的「小孩」在蠢蠢欲動。

下次面對目標市場或者是消費者時，
試著不以生物年齡來描述他們，
也不以生理年齡來標示分類，
而是從內在想法與心理狀態來找到他們。

這些內在「小孩」比經濟繁榮時代的內在「小孩」更需要被安撫。（經濟繁榮時代的「內在小孩」都只想當掌控權勢的現實大人，並不打算用穩定、安全、富裕的現況去冒險或嘗試不同的可能性）。

其實，在成人的「兒童面」上，已經有些成功的案例。例如：運動。尤其是運動中的棒球、籃球等團體遊戲型的運動，運動充滿商機，包括夢想、夢想的代用品（服裝、球鞋、配件）、英雄人物的周邊商品、模擬參與的訓練營等活動……。

還有電玩、芭比娃娃、組合模型、大型拼圖。都是成人兒童式行銷的雛形。也就是說它們都是值得大作文章的市場。

還有其他成人式兒童市場嗎？

當然。

人的本質是那麼豐富、那麼有層次。只依照現有的

習慣性分類去認識他們，只遵循消費生活行爲調查報告上的樣本格式去塡充他們，而不去開發未知的有趣部分，實在是種浪費。

也許，下次面對目標市場或者是消費者時，可以試著不以生物年齡（也就是進入世界上的時間長短）來描述、不以生理年齡（青春期、更年期……）來標示分類，而是從內在想法與心理狀態來找到他們、認識他們。便能輕而易舉地挖掘到未知的寶藏。

現在就來開發一些新玩意或更新一些舊觀點，來安撫這些看不見的小孩吧！

在此同時，別忘了！我們自己也是愛玩的小孩，所以我們心底愛玩東西也可能是大家都愛玩的共通渴望！

快去找到這群不同面貌的同伴吧！他們一直在那兒等著被召喚出來，好一起把世界與市場都玩得更精采！

側想

嫌犯側寫與目標市場特寫

前FBI探員所寫的幾本關於追查連續殺人犯的書，曾經轟動一時，當然轟動的原因不外是因為殺人案件內幕消息的曝光，以及科學辦案方式的先進創新。

閱讀這一類書籍，如果只將重點放在重建現場與案件介紹上，那麼即使是安坐家中的安全閱讀方式，書中所描述的殺人犯令人髮指的作案手法，也會讓我這種安分守己的市井小民隱約感到惴惴不安——書中精采寫實的血腥過程，就像某作家說過的，「事實比小說更精采」。

但是這類書籍最精采的部分，在於辦案過程中所運用的科學方法：「嫌犯側寫」。

爲了在最短時間內鎖定範圍，然後正確無誤地逮捕到那個特定人物——嫌犯，FBI運用的「側寫」功夫眞是令人大開眼界。嫌犯側寫不僅能精準描述該人的長相、外貌裝扮、癖好、習慣、已婚未婚、所開的車型及顏色和出場年份，最令我驚訝的是，連嫌犯的童年遭遇、行爲模式、現實生活中的困境、或不爲人知的內在情結（complex），幾乎都能達到百分之百的正確。

我不得不想，如果能把這種技巧運用到「追捕」我們的目標消費群上，就棒呆了。

□

首先，我們得承認一個事實：目標消費群的確跟嫌犯差不多。他們的外表難以被精準辨認，他們的消費動機複雜，他們的行爲模式（生活習慣）與作案模式（購物行爲）的可塑性高、具有某種慣性但不代表穩定性高，也就是他們見風轉舵、臨時起意這一類的變異性機率也高。

再來，他們下手的對象分兩種：一種是隨機下手（無預謀式購物行爲），一種是鎖定目標找出有利於自己的適當機會下手（等到有促銷活動或抽獎活動或換季折扣才消費）。

最重要的：內在情結。每一個作案的人都有一塊藏在心底的獨特驅動力，這個力量使得他不得不下手或使得他忍不住而非動手不可。

這種驅動力，就是犯人的動機或 insigh，它可能是嫉妒，可能是愛，可能是犧牲、是報復，可能是任何正面或負面的原因。

有很多時候，動機是被引導或激發出來的，甚至於在被引導成外在行爲之前，連嫌犯自己都不知道這塊 insight 的存在，當然他也就沒想到自己會幹下令人髮指的案子，甚至是連續犯案。（就像「連續血拼狂」沒想到會血拼到刷爆兩三張卡，而且還是連續刷爆！令人髮指啊！）

不同品類的商品面對的嫌犯也不一樣，針對商品來側寫可疑嫌犯的人物描述，將能使我們逮捕的對象更準確。

而我們的商品，就是他們下手的對象。最好先使我們的商品有足

夠的魅力（外表形象，或功能，或情感等等），足以激發消費者的作案動機，而且是鎖定我們的商品當下手目標，而非隨機式的選擇購買。

行銷或策略人員們，快把自己當FBI，將目標消費者一網打盡吧！

簽名

辦案人員的辦案方式值得我們學習，連續殺人犯也有些東西值得行銷人員學習！

殺人犯留下的相同或相似的、可被分辨的線索，FBI把它們稱爲「簽名」。

每個殺手都有他自己獨特的簽名。他們的簽名絕對有系列感。而且絕對像 Campaignable idea 或 Logo 一樣的確定、不會混淆。

而我們要學的就在這裡：「簽名」。

爲我們的品牌簽名。

每天，我們的消費者接觸到那麼多的廣告影片、報紙、雜誌廣告，在手法層出不窮並且比酷比怪比特別的今天，消費者除了看到商品之外，要如何從各自獨立的廣告中直覺到或一眼認出它們是同屬一個品牌的廣告呢？

首先，跟你同類型的一定不少（除非你是先發品牌），定位相同的一定也不少（除非定位極爲偏激或夠獨特），那麼可想而知，你的訴求對象也一定是別人的訴求對象（如果不是，那很好，但請確定這群訴求對象的人數夠，消費量夠），因此，你得想個特別的方法讓對方留下深刻的印象。

而且，你所留下的這個印象一定要夠獨特，非你不可，非你莫屬，絕無分號，若有分號，必屬仿冒。這樣一來，即使是在不同的地點、不同的時間、不同的場合出現，消費者也能一眼認出你當然，最厲害的還在於：你還未表明身分，消費者就已經知道你是誰了。

「簽名」的方式很多種：

有的品牌使用圖騰；

有的用品牌態度；

有的用口號；

有的用氛圍；

有的用連續性故事；

有的用代言人；

有的用千年不變的固定模式或格式。

都好，只要能讓消費者清楚認出你，並且不會誤認爲是別人。

這些簽名一旦確定，千萬不要經常變換（除非簽錯了，否則最好別換）。要注意的是，不是只要簽名，就保證會被辨認或是被接受！潦草難辨，或是跟別人的簽名相似，都不會達到簽名的效果。

快檢查一下你手上的品牌吧！它們是不是都擁有風格獨特可辨的簽名？這些簽名是不是都具有系列感？

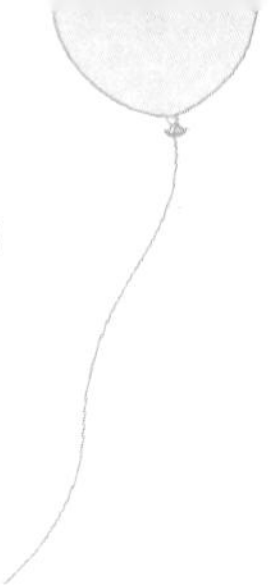

狂想

請問你要點什麼味道的空氣？

文明的進步與科技的發達，使「呼吸」這件事成為一種高消費的高級產業。

香水，正是呼吸文明史上的一個註腳，它優雅地證明著嗅覺積極參與了人類進化的歷史，也暗示了文明進步的寬度：氣味，也可以是文明與否的判斷線索。

而科技的發達正好為這條看不件的「空氣線索」推波助瀾一番。兩者相輔相成的結果，空氣便成為熱賣商品之一。（我私下慶幸：空氣尚未成為主流商品）

在香味的歷史上，歐洲似乎獨占鰲頭，不論在論述上、使用方式上、或製造技術上都是。也許是因為香水是他們禮儀、教養或規章的一部份，但在今日，文化的自由交流與資訊的快速傳遞，香水從王宮

貴族所代表的高級氣味，到成爲普羅大眾用來彰顯消費水準與品味的「代言人」（看不見的代言「人」），這中間的過程在在顯示了人類對「氣味」的好感與迷戀。

文化的力量足以使香味成爲顯學，而香味也成爲足以壯大文化的力量之一。

於是我們可以看到，除了香水、芳香劑，還有除臭劑的產生。

在嗅覺文化中所發展出的最顯而易見的現代文明特徵應該算是：空氣清靜機。空氣清靜機，一般而言，是爲了清除煙草燃燒的味道、尼古丁的味道，也就是香煙的味道。

這使我想到關於「香味」這件事在中國歷史的地位。「鼻煙」大概是最有名氣的味道吧。鼻煙的味道決不是與香水、香氛同一氣的。所以，它似乎不該被歸類到「香」字輩，而是「煙」字輩：香煙。

說到香煙，香與煙也許是有利可圖的新事業。不信你看看：香煙與空氣清靜機，在這個時代以一種共生與寄生的關係相互發展，也餵養著彼此成爲龐大的事業。

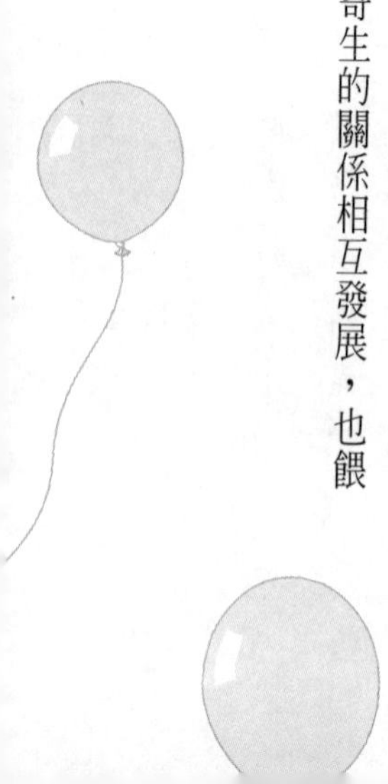

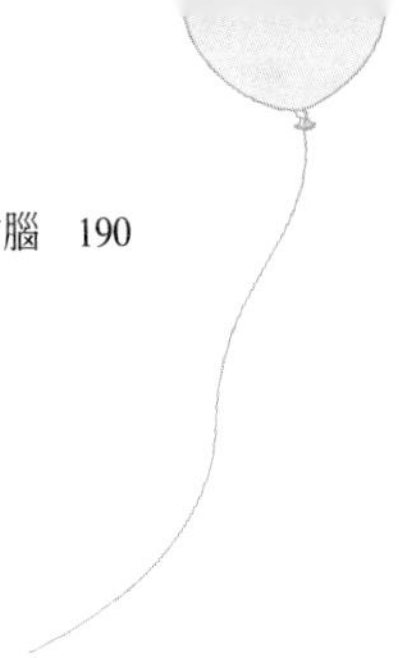

但為顧及更大多數不呼吸煙味的人們，我們似乎應該發展出兩全其美的「人道銷售辦法」。「人道空氣供應商」可以發展出不同氣味的空氣，提供人們需求。以下是一份「人道空氣menu」：

開胃菜

純氧

地球空氣

主菜　　**精選調味**

原味

尼古丁味　（萬寶路、總統、三五、七星、駱駝……）

植物花草味　（迷迭香、薰衣草、玫瑰、茉莉、檀香……）

蔬果味　（檸檬、小黃瓜、西瓜、蘋果、香蕉、榴槤……）

台灣小吃味　（蚵仔麵線、臭豆腐、痲油雞、當歸鴨、薑母鴨）

異國料理　（義大利麵、牛排、咖哩飯、生魚片……）

進口人工香料味　（香奈兒、寶格麗、凱文克萊……）

主廚推薦　（每日換新菜單）

附餐

咖啡味（美式、拿鐵、卡布奇諾、藍山……）

茶味（綠茶、紅茶、奶茶、烏龍茶……）

＊以上空氣均可單點、歡迎外帶

這種人道空氣開始供應後、喜歡抽煙的人就可以每天買幾瓶罐裝尼古丁氧氣隨時呼吸，那就像喝易開罐一樣方便，而且不必擔心被趕到騎樓或陽台抽煙，也不必遭到拒絕二手煙的人的白眼。而喜歡其他味道的人，也可以隨時享受到個人獨好的氣味。

當然，如果能在空氣清靜機中加裝「調味系統」，那也是另一個不錯的創新商品。所以，日後，在非吃飯時間招待客戶或親友時，你的第一句話可能是：你要來罐尼古丁味空氣嗎？你的小孩要不要來點草莓冰淇淋空氣？

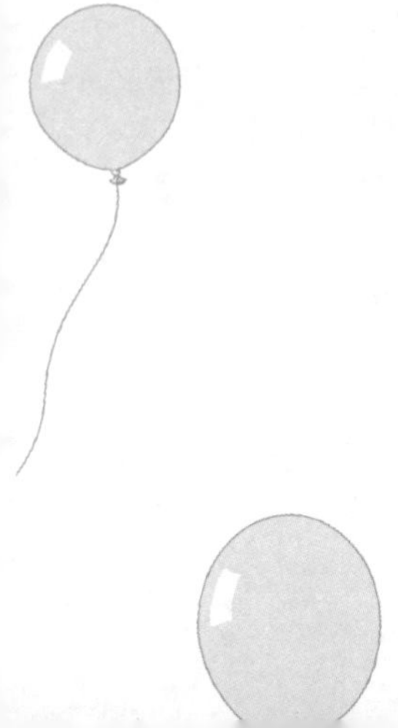

聽，誰在說悄悄話

隨時隨地都有人在說悄悄話。

說「悄悄話」的舉動，除了是因爲內容具有私人性、機密性或某種價值，不想讓別人聽見之外，「說悄悄話」這個行爲本身，更透露了彼此之間的親密度、信任度與認同彼此的結盟立場。

除了形式上的象徵意義之外，有時候，悄悄話的傳播速度更遠快於公開的說明。而且，比大鳴大放的公開方式還更能讓人聽得見，聽得進去。

所以，除了最能提高品牌知名度的傳播方式：電視廣告，之外，許多品牌都開始用跟消費者說悄悄話的方式，來建立一種獨特的私密的情感親密度。

這裡所說的悄悄話，可不是傳統的那種在路上散發，或堆在店頭的DM傳單、產品目錄、折價目錄。

而是具人性的、對話的、情感目的大於銷售目的的溝通方式。

它的形式有很多種（目前仍充滿著待開發的各種可能性），像常見的傳統的書籤、貼紙、杯墊，到成本較高、工程大、誠意重的主題筆記書、主題筆記本、主題繪冊等等。只要讓消費者能自己收藏、自己讀取、自己享有的形式，都是悄悄話的正確形式。

爲什麼「說悄悄話」有種難解的獨特魅力？

如果把品牌與消費者比喻成情人間的關係，那麼消費者收到一份給她獨享的「悄悄話」時，準是甜蜜得像看情書一樣，讓她感覺到這個品牌對她的眞心與了解；若品牌與消費者的關係像師生，那麼「悄悄話」就像是諄諄善誘的交心忠告或密不可宣的功夫招數一樣，使消費者感到備受特殊關愛。

除了悄悄話的內容必須具高度有趣性及啓發性之外，這種形式上的最大的特點就是：「一對一」。

一對一的溝通，比在大眾媒體上公開表態更能讓人專注、更少的抗拒、並且也能收到比較多的訊息、同時也更容易在情感面上累積好感。

當然，說悄悄話，也要有人想聽，所以，通常都會使用在品牌知名度夠強的階段。因爲當品牌知名度夠強時，它的耳語價值比較高，悄悄話被加以交頭接耳、議論紛紛的時效性也比較顯著。沒沒無聞的品牌所說的悄悄話總是比較讓人有遇到陌生人的感覺——消費者的防衛心會比較重。

以上，只是大部分的品牌現象，並非絕對，再提醒一次：懂得逆向操作的人才是贏家。當你有機會推展一個新品牌時，不妨試試先以「悄悄話」開始追求消費者，再在大眾媒體上露臉，也許是讓消費者忠貞不二的另一種方法。

走一趟西門町，接著再逛一圈JOYCE，你便會覺得人生眞精采。這個精采並不是來自全球各地的各種名牌服飾商品建構出來的，也不是高低價差可高達百倍的咋舌價位，也不是購物的人們對於價格的態度：殺殺殺或不眨眼。

那種精采在於創造力與活力。

在高價位精品商圈裡的商品，通常有幾個重點：一是品牌知名度極高，一是價位極高，另一個重要的特點是：比較正式、比較有成熟的優雅、不論怎麼創新也在品牌的傳統資產中，比較不令人意外，也比較保險。

在年輕人的商圈裡，特點就完全不同：價格自訂，價值感自訂，風格自訂，流行趨勢自訂，美感的尺度自訂，服裝的尺寸大小也自訂。尤其是越出人意表的、越不搭調的、越矛盾、越刺眼的穿著搭配，越受年輕人注目、喜愛。

簡而言之，越怪的、越不按牌理出牌的，年輕人越愛；而越被年輕人仿效追隨的，則大人或社會成熟人越看不順眼。成熟社會人的「刺眼」可能是年輕人的「眼睛一亮」。代溝於焉產生。

其實，服飾打扮與色彩的混合方式，只是代溝中最顯而易見、最容易被指認的現象之一。但這個看似膚淺的表像，卻紮紮實實地提供了我們許多値得深思的想法與判斷趨勢的線索。

回想一下：穿上垮褲、再加一件過大的襯衫、配雙球鞋走在路上，這種當初被家長及學校評爲不倫不類的邋遢穿著，現在可只能算是嘻哈街頭風格的初級入門。如果當初有人在年輕人身上嗅出這股不可抑遏的另類文化即將全面襲捲年輕市場的話，那個最先跟他們站在一起的品牌，便會輕而易舉地成爲年輕人流行文化的一部份，被炒作、被集體擁有、被列入時代象徵之一。

幾乎就等於成爲年輕市場的龍頭老大。

爲什麼要去看看不慣的東西？

爲什麼要去解析自己不能認同的事物？

爲什麼要去試試顛覆規範的方式？

因爲，在這裡面，我們便能發現自己的盲點，並且能發現新的起點。

如此注意代溝，不只是因爲年輕人對流行的敏感度高，可提供我們最新資訊；也不只是年輕人心胸寬大、渴求全世界，因此對新事物的接受度強；而是這一群年輕人類有一個煽動同儕的特質：

最喜歡一窩蜂似的集體模仿，

進而炒作成一個不容忽視的次文化。

對於年輕市場這可是一種借力使力的好方法啊！

創造力在年輕商圈中隨處可見，當然是因爲他們尚未被社會規範調教，但更重要的原因是：人類喜新（不一定厭舊）的本質。要做年輕市場，就多跟年輕人學習，多觀看他們在做什麼，即使你不認同。

雖然，他們會因爲跟你對味而死心塌地掏出鈔票，但是如果他發現這個品牌老化太快，變得無趣，他還是會毫不留情離你而去的。

狂想

靈魂 SPA

當瘦身或雕塑成爲一種時下的熱門行業與流行念頭時，人體的外型外觀變得前所未有的重要起來。

繼人體成爲集體大量製造的流行商品之後，接下來呢？人的本身還有什麼可以造成下一波風潮的商機嗎？

靈魂。

在謊言遍佈，信仰成爲宣傳手段，是非黑白充分攪拌，眞相與假象都是幻象的荒謬時代裡——

靈魂，是我們最需要被復建與矯正的。

不論是基於逃避或是積極思維的動機，我們將在市場上見到許多靈魂商機。它可以小至地區性也可以大到跨國性。

你將在電子信箱中收到幾封跨國的靈修機構發函邀請你參加「靈魂SPA」、「靈魂俱樂部」、「靈魂CAMP」、「短期靈魂療程」、「靈魂文藝沙龍」……等活動。

你也會在你家大門的信箱中發現印刷簡略的神秘宣傳。

當你在辦公室埋首處理信件與企劃書或公文而感到疲憊時——

當你下班回家覺得自己像一具被掏空的軀殼時——

當你夜深人靜或在捷運站擁擠的芸芸眾生中排隊時——

你驀然發現：

你在心底深處對於「靈魂」這兩個字竟有著無上的渴望與無限的憧憬。

但，靈魂是什麼？

於是你便請假報名參加了一個不影響工作進度與考績的「三日靈魂SPA」。

三天內，你會接觸到幫你定義靈魂或安魂的集體靈魂團康：

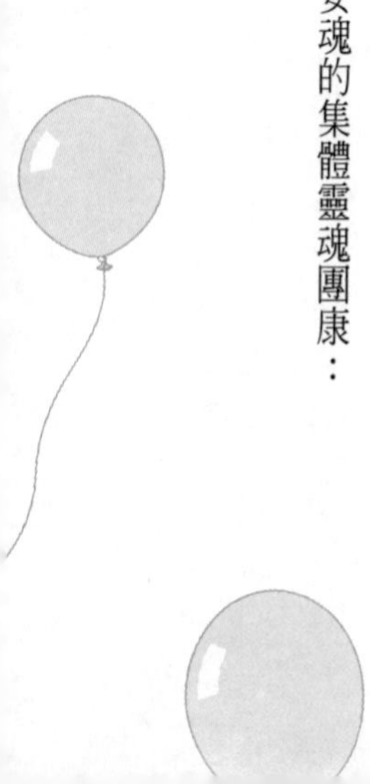

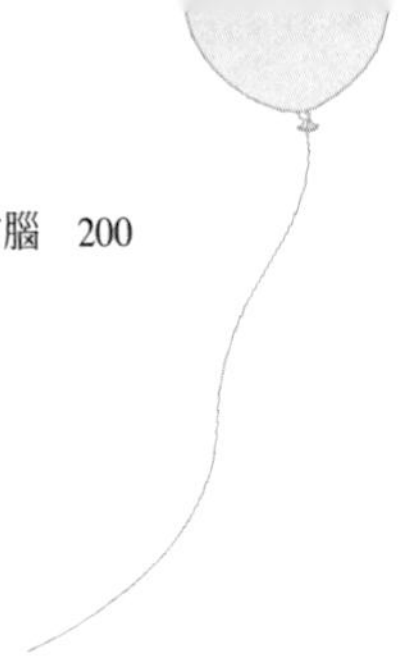

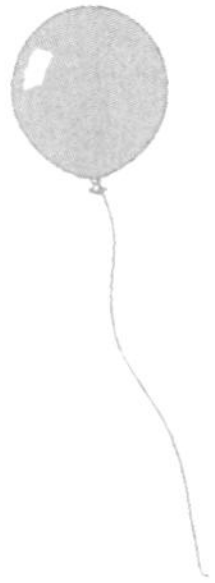

「靈魂斷食」：斷絕外來資訊，省思內在。目的是使你的靈魂像新生一樣，感到眞正的飢餓，如此一來你才知道該用什麼餵養靈魂。

「靈魂排毒」：幫你排除過往的惡毒念頭與帶毒性的成分。

「靈魂減肥」：自我膨脹太嚴重導致靈魂肥大者適用

「低熱量靈魂餐」：建議靈魂減肥者、擔心靈魂過度肥大者、欲維持靈魂乾淨輕盈者適用。長期進行亦無副作用。

「靈魂香精療法」：對於靈魂不安定、靈魂失眠、靈魂成長遲緩、靈魂焦慮等症狀有溫和性療效。

「低卡高纖靈魂餐」：靈魂閱讀的一種。吸收營養容易、排出靈魂廢物也容易。

「有機靈魂餐」：生產過程決不污染世界。對靈魂的健康有益。

「靈魂按摩」：由靈魂按摩師爲你進行，釋放靈魂深處的壓力。

「靈魂整形」：太多靈魂已經扭曲變形，需要進行整形工作。可以指定名人靈魂爲整形標準，例如：甘地、泰瑞沙修女。（須嚴防不肖的靈魂業者提供不肖名人的靈魂範本）

靈魂課程族繁不及備載。

此外，你還可以選擇在家自修的函授方式、或是到某一靈山秀水的僻靜處與其他靈魂一起進行。當然，若你是靈魂VIP高級會員，也許能參加會員獨享的靈魂一對一升等療程……

有太多的「靈魂」商機等著被開發。你若不趕快進行，你就準備帶著錢去贊助別人的靈魂事業吧！

側想

先發品牌的優勢與後發品牌的特權

我喜歡古玉，喜歡看古玉上的歷史痕跡，以及各個朝代的文化圖騰。因此，逛玉市場便成爲我的戶外教學觀摩與休閒活動之一。

玉市場的玉，絕大部分是仿的。不好直說是眞的或假的，壞了生意，就說是仿的。其實，玉市場裡有許多仿古玉做得還眞是挺不錯的！但是，爲什麼大家總是執著於眞品呢？爲什麼即使眞品的雕工粗糙，也會被冠上「質樸」或「樸拙動人」的形容詞呢？

種種問題不斷在我腦裡盤旋。

我沒有能力回答文化層面的疑惑，也沒有能力回答市場價值的取向標準，我只好把腦筋轉向超商的飲料、零食與日常用品身上。

當我看著衛生紙啊！電蚊香啊！電池啊！這類的消耗性商品時，

我便發現，它們很像玉市場中的玉件：率先進入市場的先發品牌（或說是老經驗的品牌），總是會被認爲是「眞品」，因此它們在消費清單上會受到某種優惠的對待：老品牌可能比較好。

成爲進入市場的先發品牌要有極大的勇氣：包括開發市場的考驗、首度與消費者溝通的方式與論點、甚至還順帶累積經驗給後發品牌參考。但是，一旦先發成功，它絕對是市場的龍頭老大，除非它自己不爭氣。

先發品牌的優勢似乎恰好是對它的先鋒式勇氣的表揚。因爲，那種「先入爲主」的想法一旦根深蒂固在消費者腦海中，極難撼動。

那後發品牌該怎麼辦呢？

後發品牌難道就沒有成功的機會了？就只能守著領導品牌剩下的斷垣殘壁，苟延殘喘嗎？

當然不！行銷最精采的地方就在這裡，實戰永遠有顚覆理論的特權。所以，你可以說，要打下第一品牌的山頭不僅絕對有辦法，而且辦法不計其數！其中一個最簡單的方法，可以借用「戰爭」來舉例。

把市場當成我們的國土，把先發品牌或成功品牌當成佔領我們國土的敵人。面對佔領了大量領土的敵人，我們有幾種選擇：

如果你的財力或奧援比敵軍豐厚，那麼你可以花比對手更大筆的錢，直接發動大規模的全面〈廣告、公關、產品、價格、通路〉攻擊；若你的財力比不上對手，那只好想些非正規戰來搶回領土。

如果你的狀況是後者，那麼我要先恭喜你！因爲你有機會創造另類的行銷案例，打場光榮的勝仗。

非正規戰有許多戰術或戰略可用，端看當時的目標或目的是什麼，可以隨時調整，靈活變化，方法很多。其中最簡單的一個方法是：化整爲零。

首先必須先認清：一個佔領了大部分市場的成功品牌代表了什麼意義——

就品類而言，這表示它的存在是被認同而且需要的；

就品牌而言，這表示它提出的訴求是可行的；

就產品而言，它是符合消費者標準的；

就目標消費群而言，則表示大部分的消費者站在它那一邊。

所以，我們若想搶回失土就不能硬碰硬。一定要化整爲零，伺機而動。

你可以從鎖定一群目標消費群開始，如果第一品牌佔據了百分之二十到三十五，你可以先從十七到二十四開始下手；如果它佔據的是十七到四十七，表示它只是普及，並沒有擁有強烈的忠誠度，你可以挑二十四到三十左右著手。

你也可以從鎖定一種產品特性或功能或口味開始。你可以主打強打該特性；或以價格來爭取注意；或以獨特大膽的、前所未有的驚人訴求來作爲傳播或公關上的炒作。你可以挑任何一個你最有把握而且對手來不及反應的驚人之舉來操作。

先試試化整爲零吧！這種游擊戰打得好的話，後發品牌很快就可以光復失土的！

側想

行銷傑克森

我的牆上黏了一張剪報，那張十二公分左右見方的簡報是張體育版的照片，照片中是我最喜愛的籃球員組合：喬丹、皮朋、羅德曼。照片內容是這樣的：火爆浪子羅德曼頂著橘綠交雜的頭髮似乎要向前衝去跟對手幹架，皮朋在他左側緊抱著他要攔住他，喬丹在羅德曼的右側架住他，從喬丹的表情看來，似乎在羅德曼耳邊吼著要他別衝動……。這張照片就是這個瞬間的凝結。

我一直把這張照片貼在牆上，因爲它除了帶給我那年公牛隊打NBA的精采記憶之外，也提醒了我許多事。

喬丹、皮朋、羅德曼。我知道，要讓這三個風格強烈的人物齊聚一堂並且爲同一個目標合作，一定很難。所以，我對當時的公牛隊總

教頭傑克森 (Phil Jackson) 非常好奇。傑克森是讓公牛隊在NBA場上稱霸的靈魂人物，雖然他從來沒跟喬丹球員們一起上場爲公牛隊打球，但他有辦法「讓」一群傑出球員爲他贏球。

我讀過講傑克森如何帶領球隊的書，不論其中有多少的宣傳成分，我覺得有幾個特點值得提供給行銷人分享；每個行銷人員都應該把自己當成傑克森，而把手上的牌子或產品當成球員（我相信每個行銷人員手上不會只有一個品牌或產品要經營。如果你手上只有一個需要經營，恭喜你！眞輕鬆！）。

行銷之超級明星培育任務

首先，行銷人員必須先確定目標。我姑且稱行銷人員爲：「行銷傑克森」。

「行銷傑克森」的目標是運用這些球員拿下高票房、並奪得年度冠軍戒指。所以你的一切資源分配、球員選擇、上場戰術都要朝這個目

標前進。

「行銷傑克森」要先審視球員：打不好的就淘汰掉，換上好的；接下來，一定要創造明星球員。雖然明星球員珍貴難得，但最好市場上的每個位置都有明星球員負責，不過千萬不要讓他們在球場上的位置重疊（千萬不要搶自己的市場，而是去打下別人的市場）。

重要的問題來了：球員位置如何分配？明星球員如何創造？

第一，先看球員在市場上的位置對不對。

球員一定要放對位置，否則球技再好也無法發揮。如果球員的位置放對了，那麼把他跟市場上同一位置的同類球員比較看看（後衛跟後衛比，前鋒跟前鋒比，不要亂比）：他夠不夠好？排名第幾？如果他是市場第一名，恭喜你！你在這個位置上有一個明星球員，如果他的排名不夠前面，就要誠實勘查他有沒有機會衝到第一？有機會，就要培養他；沒有機會，就換新人或更好的球員上場遞補。重點是：位置不能空著，無人佔領。四個人打五個人，即使有一個全能球員，打久了也會輸。

假如有某個球員不適合某個位置，通常有兩種狀況：一是他該下場退休了；二是也許他更適合另一個位置。至於哪個位置適合哪個球員，就是另一個工程了。「行銷傑克森」可以從每個球員的特性來做分析，包括他的品牌風格、產品特性、目前的訴求對象、目前準備打下市場上同一位置的對手強弱、有沒有未知的潛力、有沒有調整的空間與彈性，等等。關鍵在於：這個球員在這個位置上是否具有不可替代性，如果沒有，表示他不夠好，有進步與或調整的空間。

第二，想辦法創造明星球員。

「行銷傑克森」必須要認清一個事實：明星球員不好搞。明星球員之所以成爲明星球員可能因爲得分高、球技好、名氣大，此外也在於他們的風格強烈，與眾不同。但明星球員有個共通點：很有票房。你可以說他們有觀眾緣，也可以說他們對了消費者的味，讓消費者喜歡他們。

明星球員就是票房保證，所以只要能創造明星球員，就能事半功倍。但很遺憾的是：明星球員通常是天生的，不是後天努力得來的。

這句話很殘忍，卻是事實。想想看，NBA中的球員哪個不努力哪個不認眞，但喬丹只有一個。所以，「行銷傑克森」一定要給新上市的產品最好的基因。

如何給新上市的產品最好的基因？

先從產品面開始。產品一定要有特色，這個特色不是市場上沒有的，就是比現有的還要好。

接著是概念。這可以是產品概念或傳播概念，如果產品本身概念很強（例如，三分球特別厲害），那麼就直接用產品概念來作爲上市重點，如果產品本身的概念不特別，但產品力很好（全能型球員），那麼不妨根據目前市場上的狀況，爲他塑造一個前所未有的特別形象。

接下來，包裝命名也是重要的基因，例如「飛人喬丹」這四個字，表達了喬丹的特性，也讓他更容易受矚目、被喜歡。

終於，他要上場打球了。他能不能在貨架上得分呢？「行銷傑克森」必須針對他的特色指導他攻防，要出奇不意，要使用對手想不到的方法。看看他上場的表現吧——電視廣告或傳播媒體開始讓他曝

光，表達他的專長，如果他的表現好，就可以把觀眾變成消費者；如果他的表現不好，觀眾不是根本沒注意到他，就是把他當笑話一場。

當他的形象強過對手而讓他在貨架上第一次得分了，不表示他還會持續得分，這個球員接下來要接受的挑戰是產品力是否也強過對手。如果兩項都贏——明星球員誕生了。

當「行銷傑克森」手上有了一個明星球員之後，往往喜歡因循成功案例創造下一個明星球員。千萬記得：切忌把每一個球員都塑造成同一個風格同一個訴求，那不僅會毀了原來那個明星球員的獨特性，也會造成彼此互相卡位的蠢事——不去卡市場上的缺或對手的地盤，反而瓜分了自己佔有的既有市場。

最後「行銷傑克森」要注意：你要看的是整個球隊的完整性，運用每一個球員去佔領不同的市場位置。只要能保有每個明星球員的市場獨占性，明星球員不僅不會起內鬨，還會聯手為「行銷傑克森」拿下冠軍戒指，以及年度最有價值球員！

行銷戰，是一場人才的戰爭

那年的公牛隊，優秀無比。從他們身上，我還獲得了另一項啓示：一支成功傑出的行銷團隊，也應該是一支夢幻隊伍——Dream Team。

我牆上那張照片中的羅德曼、皮朋、喬丹，各懷絕技，風格迥異，但合作無間，有人專門抄截耍狠，有人專門指揮協調，有人積極進攻，時而互補時而強化。此外，另兩個總被忽略名字的球員也功不可沒，他們熟練沉穩的連線與補位，增加了球隊的穩定度。

如果行銷團隊的組合也能這樣該多好！

在展開行銷之前的所有準備，其實是行銷成功或失敗的最大因素，因此，在背後的所有人員：從產品研發、概念、包裝、市場區隔、鋪貨、傳播等等，每一個環節都是行銷戰的成敗關鍵。如果這個環節中的每一個人都是頂尖的高手，都是不斷追求突破的人，那麼當他們整合在一起成爲一個團隊時，一定所向匹靡，不斷創造高票房。

行銷戰就像籃球戰，上場競爭，硬碰硬拼輸贏，然後經由每一場、每一回合的持續競爭，決定了誰是年度的冠軍。然後，來年再繼續冠軍爭奪戰……而只要有觀眾（消費者），競爭就會再繼續。

爲了使票房增加，每個球隊都在明爭暗奪地搶奪一流的傑出球員，因爲這些球員的精采表現是使票房增加的不二法門。看看熱門球隊與冷門球隊所銷售的票房與觀眾數目就知道好球員的重要性。

雖然每一隊都有五個籃球員在場上，但表現出來的結果可大不相同：有些球隊團結但能力平庸；有些團隊有一個傑出的好手，但其他隊員能力普通無法與他搭配；有的團隊努力不懈但天份不夠；有的團隊隊員彼此各懷鬼胎，根本無法同心打仗……。

行銷戰，其實是一場人才的戰爭。找一個對的人才，比找一堆庸才有用。所以，請在每個重要位置放上頂尖的隊員！如果你很幸運地擁有一支行銷的夢幻隊伍，請珍惜他們，並輕鬆地等他們爲你拿回冠軍戒指！

P.S. 附贈

行銷是一首動人的詩

常常看見客戶的行銷企劃案。有時候整個企劃的內容如同封面所寫的，是一本行銷計劃「書」；有時候是三到五頁不等的文字群；有時候是專業術語大全；有時候是條列式時間表。

也就是說，行銷企劃案裡面充滿了盡力而爲的、詳盡完善的執行方式，並且結集了他人經驗的精華總和。但沒有精神，沒有靈魂。

很少看到行銷計劃裡面有一個動人的核心存在。(有的連核心思想都沒有，整個行銷活動能不打擾人就不錯了，更別說打動人了！)而這個核心往往是行銷案成功與否的關鍵。這個核心應該是感性的，而非理性的；是人性的，而非功能導向的。

行銷，應該像一首動人的詩。

打動人心、深入人心、影響人心。

不論任何行銷活動，它的對象都是人，雖然他們是一群一群被行銷專家依照年齡、職業、收入、性別等等分類爲「不同種」的人。但請注意：分類的目的在於更精準的打動他們的心，而不是不把他們當人看。除了爲符合該行銷案所需的那些私人分類層面之外，他們還有許多活生生的生活面存在。而這些其他的生活面向有時候更値得列入參考。

回到「行銷是一首動人的詩」！要如何寫這首詩？而且讓它動人？

詩，之所以存在，是因爲：有人、有感而發。

所以，我們不妨從「有感而發」開始。

這個「感」，正是任何行銷活動核心思想的雛形。它非常重要，但它往往被市場分析或流行趨勢預測給取代了。大批花錢買來的市場分析資料會告訴我們市場的現況，流行趨勢預測會預報尚未發生但極可能發生的事，很有用也很沒用！事實是，它們有用沒用全看你如何解讀並破解該項資料構成的背後思考。

而且，市場，是可以被創造出來的；再而且，只要讓你手上的商品賣起來，它就會進入流行趨勢預測中的一項主流。所以，發展自己，比討好大環境重要！也更容易些。

更重要的是，你，可以是「有感而發」的那個人。

所以，應該先問問自己，對手上的產品或品牌的「感」是什麼？那個「感」可以是信念或目的或生活態度等等，全看這個產品（或品牌或你自己）當初出發時的原點。

針對這個「感」，便能「有感而發」的發展出或多或少的、放射性的情感力量，這些力量都將回饋到這個感動人的核心上，並強化它。

去找貼近人心、出奇不意、簡單而生活化的方式，將這些情感力量施加在人們身上、讓他們也能深刻地被感動的種種方法就是行銷。

最後，千萬要避免的是：百感交集。不要因爲貪心而把一個行銷活動搞得五味雜陳，接受訊息的人們收到不一致的東西時，只會使行銷目的更模糊難辨。

試試看，用寫詩的方法做行銷。

國家圖書館出版品預行編目資料

左腦攻打右腦：品牌行銷的理想、側想與狂想／吳心怡著 — 初版— 臺北市：大塊文化，2003 [民 92]

面；　公分. (Catch 58)

ISBN 986-7975-75-8 (平裝)

1.廣告

497　　92000669

大塊文化 LOCUS

讀者回函卡

謝謝您購買這本書，爲了加強對您的服務，請您詳細塡寫本卡各欄，寄回大塊出版 (免附回郵) 即可不定期收到本公司最新的出版資訊。

姓名：____________________ **身分證字號**：____________________

住址：____

聯絡電話：(O)____________________ (H)____________________

出生日期：______年______月______日 E-mail: ____________________

學歷：1.□高中及高中以下 2.□專科與大學 3.□研究所以上

職業：1.□學生 2.□資訊業 3.□工 4.□商 5.□服務業 6.□軍警公教
7.□自由業及專業 8.□其他________

從何處得知本書：1.□逛書店 2.□報紙廣告 3.□雜誌廣告 4.□新聞報導
5.□親友介紹 6.□公車廣告 7.□廣播節目 8.□書訊 9.□廣告信函
10.□其他____________

您購買過我們那些系列的書：
1.□ Touch 系列 2.□ Mark 系列 3.□ Smile 系列 4.□ Catch 系列
5.□ tomorrow 系列 6.□幾米系列 7.□ from 系列 8.□ to 系列

閱讀嗜好：
1.□財經 2.□企管 3.□心理 4.□勵志 5.□社會人文 6.□自然科學
7.□傳記 8.□音樂藝術 9.□文學 10.□保健 11.□漫畫 12.□其他_____

對我們的建議：____

L O C U S

LOCUS

LOCUS

LOCUS

LOCUS

LOCUS